Strom- und Spannungswandler

von

Dr.-Ing. Michael Walter

Mit 163 Abbildungen

Zweite, unveränderte Auflage

München und Berlin 1944

Verlag von R. Oldenbourg

Copr. R. Oldenbourg, München und Berlin
Photomechanische Übertragung (Manuldruck) 1944
der Firma F. Ullmann G. m. b. H., Zwickau/Sa.
Printed in Germany

Vorwort.

Im vorliegenden Buch werden die Strom- und Spannungswandler für Meß-, Zähl- und Relaiszwecke in der Ausführung für Schaltanlagen zusammenhängend besprochen. Die Meßwandler für Prüffelder und Laboratorien werden nicht berücksichtigt, da sie ein Sondergebiet darstellen und meist nur für Spezialzwecke verwendet werden.

Einteilung und Behandlung des Stoffes entsprechen vorwiegend den Bedürfnissen der Vertriebs-, Planungs- und Betriebsingenieure. Bei der Abfassung wurde bewußt darauf verzichtet, allzusehr auf konstruktive Einzelheiten einzugehen. Die Ausführungen sollen dem Leser in erster Linie zeigen, was die Wandler leisten und was man von ihnen verlangen kann; sie werden durch viele Bilder unterstützt, die dem Stand der Technik entsprechen. Für die Auswahl, Anwendung und Prüfung der Wandler sind in reichem Maße zweckdienliche Hinweise gegeben. Auch die Bedingungen, denen die Wandler für Schutzrelais entsprechen sollen, sind in gebührender Weise aufgezeigt. Hier konnten die langjährigen Erfahrungen des Verfassers auf dem Gebiet der Schutzeinrichtungen mit Relais verwertet werden, besonders auch im Hinblick auf die schaltungstechnische Seite.

Die Darlegungen lehnen sich eng an die derzeitigen VDE-Regeln REW 1932 an; sie benutzen die jüngsten einschlägigen Bezeichnungen des Ausschusses für Einheiten und Formelgrößen (AEF) und berücksichtigen schließlich die heute für Meßwandler gültige Prüfordnung der Physikalisch-Technischen Reichsanstalt (PTR).

Für diejenigen Ingenieure, die sich mit einzelnen Fragen eingehender vertraut machen wollen, sind im Text und im Anhang zahlreiche Literaturhinweise gegeben.

Berlin-Niederschönhausen, April 1937.

M. Walter.

Inhaltsverzeichnis.

II. Spannungswandler.

III. Verschiedenes.

I. Stromwandler.

A. Einführung.

Stromwandler sind Einphasen-Transformatoren besonderer Ausführung, deren Arbeitsweise im wesentlichen der eines kurzgeschlossenen Transformators gleicht. Ihre primären und sekundären Amperewindungen heben sich im Normalbetrieb nanezu auf; der Eisenkern ist daher nur schwach magnetisiert. Die Leistung, die die Stromwandler aufzubringen haben, ist in der Hauptsache durch die Leistungsaufnahme (Eigenbedarf, »Eigenverbrauch«) der angeschlossenen Geräte (Meßinstrumente, Relais und Zähler) bedingt. Sie ist verhältnismäßig klein und wird in VA ausgedrückt.

Stromwandler bilden wesentliche Bestandteile elektrischer Anlagen. Sie dienen als Bindeglieder zwischen den anzuschließenden Geräten und den vom Betriebsstrom durchflossenen Anlageteilen, wie Sammelschienen, Abzweigleitungen u. dgl. Ihre Anwendung ist in den meisten Fällen unentbehrlich und mit folgenden Vorteilen verbunden:

a) Fernhalten der Hochspannung von den der Berührung zugänglichen Meßgeräten.

b) Umwandlung der Ströme beliebiger Stärke in eine für die Messung geeignete Größe.

c) Erhöhung der Meßgenauigkeit bei hohen Strömen (etwa über 300 A), da die Meßgeräte, die für den sekundären Wandlerstrom von 5 A ausgelegt sind, leichter den elektromagnetischen Einwirkungen der Hauptstromleiter entzogen werden können als unmittelbar in die Hauptleiter eingebaute Meßgeräte. Diese Aussage gilt in noch stärkerem Maße für Relais.

d) Begrenzung der durch Kurzschlußströme entstehenden thermischen und mechanischen Beanspruchung der Meßgeräte.

e) Möglichkeit der Trennung von »Schaltanlage« und »Warte«.

Die ersten Stromwandler entstanden um die Jahrhundertwende[1]). Ihre Hauptaufgabe bestand damals darin, die Hochspannung von den Meßgeräten fernzuhalten. Die Meßgenauigkeit ließ dabei viel zu wünschen übrig (2...5%), denn es fehlten ja noch die notwendigsten Erkenntnisse

---

[1]) G. Benischke, Neue Wechselstrom-Meßinstrumente und Bogenlampen der Allgemeinen Elektricitäts-Gesellschaft, ETZ 1899, S. 82; F. Schrottke, Über Drehfeldmeßgeräte, ETZ 1901, S. 657.

sowie auch die erforderlichen Prüfverfahren bzw. Prüfeinrichtungen. Man eichte einfach Wandler und Meßgeräte zusammen. Das erste Prüfverfahren zur Ermittlung der Strom- und Winkelfehler wurde etwa 1909 von Orlich angegeben[1]) (mit Quadranten-Elektrometern). Ein paar Jahre später (ungefähr 1914) wurde die Scheringbrücke nach dem Kompensationsverfahren entwickelt[2]). Klarheit über das Wesen der Meßgenauigkeit und überhaupt über die physikalischen Zusammenhänge in Strom- und Spannungswandlern brachten erst die von Möllinger und Gewecke in den Jahren 1911 und 1912 angegebenen Schaubilder[3]).

Um 1907 kamen 1%-Wandler und um 1912 sogar schon 0,5%-Wandler auf den Markt, allerdings mit noch recht erheblichem Materialaufwand. 1915 erließ die Physikalisch-Technische Reichsanstalt (PTR) ihre »Bestimmungen für die Beglaubigung von Meßwandlern«, in denen die sog. Beglaubigungsfehlergrenzen für die Übersetzungsfehler und Fehlwinkel bereits mit $\pm 0,5\%$ bzw. ± 40 oder ± 20 Min festgelegt wurden[4]). Mitte 1922 erschienen erstmals VDE-Regeln für die Bewertung und Prüfung von Meßwandlern, die auf den Wandlerbau in den weiteren Jahren sehr fördernd wirkten.

Durch umfangreiche Versuche in den Laboratorien der Hersteller und zum Teil in den Netzen der Abnehmer gelang es, nach dem Kriege in Verbindung mit dem steten Fortschreiten der Isoliertechnik, der Entwicklung neuer Eisenlegierungen und der Einführung neuer Innenschaltungen, der sog. Kunstschaltungen, auf dem Wandlergebiet eine große Anzahl Spitzenleistungen sowohl in technischer als auch in wirtschaftlicher Hinsicht zu erzielen. Die starke Verbreitung der Schutzeinrichtungen in Hochspannungsnetzen lieferte den Wandlern, überdies ein neues, ausgezeichnetes Absatzgebiet und bewirkte dadurch eine besondere Förderung der Wandlertechnik. Daß das Wandlergebiet heute zu einem beachtenswerten Zweig der Elektrotechnik geworden ist, muß zum großen Teil den erwähnten Umständen zugeschrieben werden.

B. Wirkungsweise der Stromwandler.

1. Grundgedanken.

Die Stromwandler bestehen im einfachsten Fall aus einem aus Eisenblechen zusammengesetzten Kern, auf dessen einem Schenkel zwei

---

[1]) E. Orlich, Über die Anwendung des Quadranten-Elektrometers zu Wechselstrommessungen, ETZ 1909, S. 425 u. 466.

[2]) Schering u. Alberti, Eine einfache Methode zur Prüfung von Stromwandlern, Arch. Elektr. 1914, S. 263.

[3]) Möllinger u. Gewecke, Zum Diagramm des Stromwandlers, ETZ 1912, S. 270; Zum Diagramm des Spannungswandlers, ETZ 1911, S. 922.

[4]) ETZ 1915, S. 358.

Spulen, nämlich die primäre und die sekundäre, meist koaxial angeordnet liegen, die durch ein gemeinsames magnetisches Feld miteinander verkettet sind (Abb. 1). Der in der Primärwicklung fließende Strom I_1 erzeugt in der Sekundärwicklung, die über ein Meßgerät kurzge-

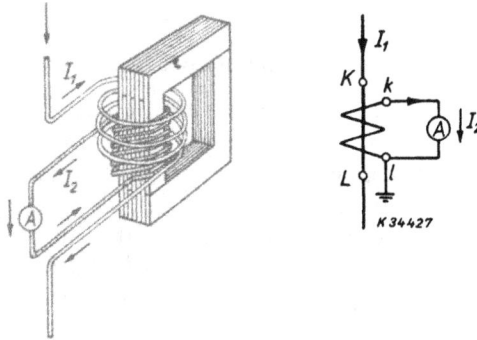

Abb. 1. Stromwandler in der Prinzipdarstellung mit Grundschaltbild.

schlossen ist, mittelbar den Sekundärstrom I_2. Dieser ist im Wandler dem Primärstrom entgegengesetzt, im angeschlossenen Meßgerät dagegen gleichgerichtet. Für die Magnetisierung des Eisenkernes wird dabei ein bestimmter Teil des Primärstromes verbraucht. Da jedoch der Erreger- bzw. Magnetisierungsstrom sehr klein ist, können die primären und die sekundären Amperewindungen praktisch als gleich groß angenommen werden, d. h.

$$I_1 w_1 \approx -I_2 w_2. \qquad \ldots \ldots \ldots \ldots (1)$$

Hieraus folgt, daß die Absolutwerte der Primär- und Sekundärströme sich etwa umgekehrt proportional den Windungszahlen verhalten

$$\frac{I_1}{I_2} \approx \frac{w_2}{w_1} = ü. \qquad \ldots \ldots \ldots \ldots (2)$$

$ü$ ist das Übersetzungsverhältnis des Stromwandlers.

Die sekundäre Klemmenspannung eines Stromwandlers ist im normalen Betrieb stets sehr klein. Sie beträgt bei 5 A sekundärem Nennstrom[1]) je nach der angeschlossenen Belastung des Stromwandlers etwa 1...12 Volt. Bei großen Kurzschlußströmen kann sie jedoch unter Umständen sehr hohe Werte annehmen (mehrere hundert Volt).

Von den Stromwandlern wird verlangt, daß sie die Sekundärströme in einem bestimmten Meßbereich möglichst proportional und winkelgetreu den Primärströmen wiedergeben. Die auftretenden Strom-

---

[1]) Nennstromstärke I_n, primäre und sekundäre, eines Stromwandlers ist gemäß den VDE-Regeln der auf dem Leistungsschild angegebene Wert der primären und sekundären Stromstärke (s. a. Zahlentafel III auf Seite 85).

·und Winkelfehler sind im wesentlichen durch den notwendigen Erregerstrom bedingt und können bei einem gegebenen Wandler durch verschiedene Abgleichmaßnahmen, d. h. durch äußere Mittel, wie Änderung der Windungszahl (meist auf der Sekundärseite), Anbringung von Kurzschlußwindungen u. dgl. in den für Meßzwecke zulässigen Grenzen gehalten werden.

2. Strom- und Spannungsdiagramme.

Um die weiteren Ausführungen verständlich zu gestalten, sollen zunächst die Begriffe Fehlwinkel, Stromfehler und Überstromziffer an Hand des allgemeinen Strom- und Spannungsdiagrammes eines Stromwandlers kurz erläutert werden, um dann später auf diese wichtigen Kriterien im Zusammenhang mit den Meßinstrumenten, Zählern und Schutzrelais (Distanzrelais, Differentialrelais, abhängigen Überstromzeitrelais, Erdschlußrelais usw.) noch näher einzugehen.

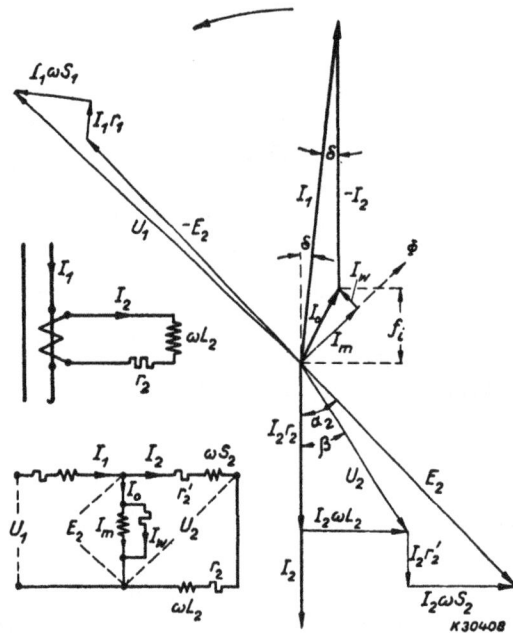

Abb. 2. Prinzipschaltung, Ersatzschaltbild und Vektordiagramm des Stromwandlers. Übersetzungsverhältnis $\ddot{u} = 5/5 = 1$. Die Nennbürde ist aus Wirk- und Blindwiderstand zusammengesetzt.

In Abb. 2 sind Prinzipschaltung, Ersatzschaltbild sowie Strom- und Spannungsdiagramme eines Stromwandlers mit einer aus Wirk- und Blindwiderstand zusammengesetzten Bürde[1]) dargestellt. Der Einfach-

---

[1]) Bürde ist bei Stromwandlern der in Ohm angegebene Scheinwiderstand der sekundär angeschlossenen Geräte einschließlich Zuleitung.

heit halber werden hier die Windungszahlen auf der Primär- und Sekundärseite als gleich groß angenommen (Stromwandler 5/5 A). Es können dann an Stelle der Amperewindungszahlen die Ströme selbst gesetzt werden.

Beim Aufbau des Vektordiagrammes wird wie üblich vom Sekundärstrom I_2 ausgegangen. In Phase mit dem Sekundärstrom liegt der Ohmsche Spannungsabfall $I_2 r_2$ der Bürde; senkrecht dazu, und zwar voreilend, ihr induktiver Spannungsabfall $I_2 \omega L_2$. Beide, geometrisch zusammengesetzt, bilden den Gesamtspannungsabfall an der Bürde

$$U_2 = I_2 \sqrt{r_2{}^2 + (\omega L_2)^2}, \quad \ldots \ldots \ldots \quad (3)$$

d. i. die sekundäre Klemmenspannung des Stromwandlers. Der Winkel β ist der Phasenwinkel der Bürde (Bürdenwinkel) und gibt die Phasenverschiebung zwischen dem Sekundärstrom I_2 und der sekundären Klemmenspannung U_2 an. Um die gesamte induzierte Spannung (EMK E_2) im Sekundärkreis zu erhalten, müssen noch der Ohmsche Spannungsabfall $I_2 r_2'$ und der Streuspannungsabfall $I_2 \omega S_2$ der Sekundärwicklung des Wandlers gleichsinnig im Diagramm eingesetzt werden. Die so ermittelte EMK E_2 deckt alle Spannungsabfälle im Sekundärkreis und wird gewöhnlich durch die Formel

$$E_2 = I_2 \sqrt{(r_2 + r_2)^2 + (\omega L_2 + \omega S_2)^2} \quad \ldots \ldots \quad (4)$$

ausgedrückt. α_2 ist der Phasenwinkel zwischen dem Sekundärstrom I_2 und der EMK E_2.

Der magnetische Fluß Φ steht senkrecht auf E_2, und der Magnetisierungsstrom I_m ist mit ihm in Phase. Der Verluststrom I_w eilt dagegen um 90^0 voraus, so daß der gesamte Erregerstrom (auch Leerlaufstrom[1]) genannt)

$$I_0 = I_m \mathbin{\widehat{+}} I_w \quad \ldots \ldots \ldots \ldots \quad (5)$$

ist.

Der Primärstrom I_1 entsteht nun als die geometrische Summe aus I_0 und $-I_2$:

$$I_1 = I_0 \mathbin{\widehat{+}} (-I_2). \quad \ldots \ldots \ldots \ldots \quad (6)$$

Im Ersatzschaltbild der Abb. 2 ist ebenfalls auf die Aufteilung des Primärstromes I_1 in den Sekundärstrom I_2 und den Erregerstrom I_0 hingewiesen.

Die vektorielle Summe aus der EMK E_2, dem primären Ohmschen Spannungsabfall $I_1 r_1$ und der primären Streuspannung $I_1 \omega S_1$ ergibt die primäre Klemmenspannung U_1.

Der Winkel δ zwischen dem Vektor des Primärstromes I_1 und dem um 180^0 umgeklappten des Sekundärstromes I_2 stellt den Fehlwinkel

---

[1]) Die Bezeichnung Leerlaufstrom ist für Stromwandler unzweckmäßig, denn I_0 schwankt je nach der Größe des Stromes und der Bürde sehr erheblich. Bei offenem Sekundärstromkreis wird sogar $I_0 = I_1$.

dar. Er gilt als positiv, wenn der Sekundärstrom dem Primärstrom voreilt. Der Fehlwinkel δ wird in Bogenminuten gemessen.

Der Unterschied zwischen dem Sollwert und dem tatsächlichen Wert (Istwert) des Sekundärstromes bildet den Stromfehler[1]) f_i, der in Abb. 2 nur angenähert dargestellt ist. Der Magnetisierungs- und Verluststrom sowie die Spannungsabfälle und mithin die Fehlwinkel und Stromfehler sind nämlich im Diagramm der Deutlichkeit halber absichtlich übertrieben groß angenommen worden. Die Stromfehler werden in der Praxis stets in Prozenten angegeben. Sie werden positiv gerechnet, wenn der tatsächliche Wert der sekundären Größe den Sollwert übersteigt.

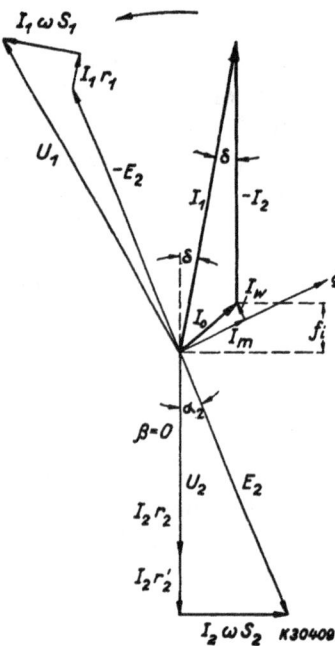

Abb. 3. Vektordiagramm des Stromwandlers bei induktionsfreier Belastung (cos $\beta = 1$). Übersetzungsverhältnis $\ddot{u} = 5/5 = 1$.

Aus dem Diagramm in Abb. 2 geht klar hervor, daß die Größe des Erregerstromes I_0 die Größe des Stromfehlers und des Fehlwinkels stark beeinflußt. Im Wandlerbau ist man daher im allgemeinen bestrebt, I_0 klein zu halten[2]); hierzu gibt es verschiedene Mittel, z. B. die Verwendung von Kernen aus hochlegiertem Siliziumeisen oder Nickeleisen, die Vergrößerung der Amperewindungszahl oder des Eisenquerschnittes, die Benutzung von Kunstschaltungen, die Vermeidung von Stoßfugen bei den Eisenkernen u. dgl. Fehlwinkel und Stromfehler werden ferner durch Größe und Art der Bürde beeinflußt. Je größer die Bürde ist, desto größer wird die EMK E_2 und mithin der Erregerstrom I_0. Andererseits wird mit zunehmendem Bürdenwinkel β, d. h. beim Anwachsen der induktiven Belastung, der Stromfehler größer, der Fehlwinkel dagegen kleiner. Ein Vergleich der Diagramme Abb. 3 und 2 veranschaulicht das Gesagte.

Stromfehler und Fehlwinkel ändern sich bei derselben Bürde im üblichen Meßbereich von 10...120% des Nennstromes in ihrer Größe wenig (s. Abb. 8 u. 48). Nur bei sehr kleinen Strömen (unter 10% des Nennstromes) wachsen die Fehler wegen der kleinen Anfangsperme-

---

[1]) S t r o m f e h l e r eines Stromwandlers bei einer gegebenen primären Stromstärke ist die prozentuale Abweichung der sekundären Stromstärke von ihrem Sollwert, der sich aus der primären Stromstärke durch Division mit dem Nenn-Übersetzungsverhältnis ergibt.

[2]) Bei einigen Kunstschaltungen kann die Vergrößerung von I_0 dagegen Vorteile bringen.

abilität der üblichen Silizium-Eisensorten zu verhältnismäßig hohen Werten an.

3. Hauptgleichung.

Zur besseren Veranschaulichung der vorstehenden Ausführungen sei schließlich die aus dem allgemeinen Transformatorenbau bekannte Gleichung

$$E_2 = 4{,}44 \cdot f \cdot w_2 \cdot q \cdot B_{max} \cdot 10^{-8} \text{ Volt} \quad \ldots \ldots \quad (7)$$

herangezogen, in der die Beziehung zwischen dem Effektivwert der EMK E_2 und dem Scheitelwert der Induktion im Eisen B_{max} bei sinusförmigem Flußverlauf zum Ausdruck kommt. In dieser Gleichung bedeuten:

f die Frequenz in Hz,

w_2 die sekundäre Windungszahl,

q den aktiven Eisenquerschnitt in cm²,

$B_{max} = \dfrac{\Phi_{max}}{q}$ die Induktion (Linienzahl/cm²) in Gauß.

Die Gleichung gibt allgemein an, von welchen Größen die elektromagnetischen Eigenschaften eines Stromwandlers abhängen. Die in der Gleichung vorkommenden Größen stehen wiederum untereinander in Beziehung.

Der Wert E_2 ist, wie aus Gl. (4) hervorgeht, durch Größe und Art der Bürde sowie durch den inneren Widerstand (Blind- und Wirkwiderstand) des Wandlers bedingt. Die Induktion B darf (bei gegebener Wandlerbauart) mit Rücksicht auf die zulässige Größe des Erregerstromes einen durch die erforderliche Meßgenauigkeit bestimmten Wert nicht überschreiten. Die Frequenz f ist durch das Netz gegeben. Der Wandlerbauer kann also nur noch die Werte w_2 und q verändern.

In jüngster Zeit ist man bestrebt, die Anzahl der Primärwindungen w_1 und damit auch der Sekundärwindungen w_2 klein zu halten, um eine größere Kurzschlußfestigkeit der Wandler zu erzielen. Durch Verminderung der Windungszahlen w_1 und w_2 würde bei gleicher Induktion B die EMK E_2 kleiner werden. Um den durch die angeschlossene Bürde bedingten Wert von E_2 beizubehalten, bleibt nur übrig, den Eisenquerschnitt q zu ändern. Die Vergrößerung des Eisenquerschnittes würde jedoch eine Vergrößerung der Wandlerabmessungen nach sich ziehen. Um dieses zu vermeiden, wendet man sich seit einigen Jahren sog. Kunstschaltungen zu. Reicht die hierdurch erzielte Kurzschlußfestigkeit noch nicht aus, so bieten Kerne aus hochpermeablem Eisen, z. B. aus Nickeleisen, einen Ausweg, da sie schon bei relativ kleinen Eisenquerschnitten eine ausreichende magnetische Leitfähigkeit aufweisen.

4. Überstromverhalten.

Bisher wurde nur die normale Belastung eines Stromwandlers berücksichtigt. Bei Überströmen bzw. Kurzschlußströmen wächst die Induktion im Eisenkern des Stromwandlers vom normalen Wert, d. h. von einigen hundert oder tausend Gauß bis zu 15000...20000 Gauß an, wodurch auch der Erregerstrom I_0 wegen der einsetzenden Sättigung des Eisens größer wird. Da der Erregerstrom vom Primärstrom gedeckt wird, muß also der Sekundärstrom in seiner Größe entsprechend zurückgehen. Das Übersetzungsverhältnis wird hierdurch gestört, d. h. der

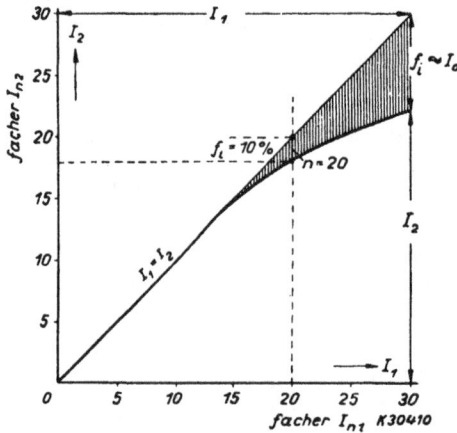

I_1 Primärstrom; I_2 Sekundärstrom; I_{n_1} Primär-Nennstrom; I_{n_2} Sekundär-Nennstrom; I_0 Erregerstrom; f_i Stromfehler; n Überstromziffer.
Abb. 4. Grundsätzlicher Verlauf der Überstromkennlinie eines Stromwandlers 5/5 A bei konstanter Bürde.

Stromfehler f_i nimmt mit dem Wachsen der Sättigung im Eisenkern bei hohen Überströmen stark zu. In Abb. 4 bleibt z. B. der Sekundärstrom I_2 beim 20 fachen Primärstrom schon um 10% hinter seinem Sollwert zurück. Ist hierbei der Wandler mit der Nennbürde belastet (der Einfluß des Phasenwinkels β wird dabei vernachlässigt), so bezeichnet man das Vielfache des primären Nennstromes, bei dem der 10 proz. Stromfehler erreicht wird, mit Überstromziffer (n). Im angeführten Beispiel ist $n = 20$. Die Überstromziffer wird später noch ausführlicher behandelt.

5. Kunstschaltungen.

Stromwandler mit Kernen aus Siliziumeisen haben in der einfachen Ausführung bei Nennbelastung eine Liniendichte von etwa 800...1200... 2000 Gauß. Bei dieser niedrigen Induktion ist die Permeabilitäts- bzw. Magnetisierungskurve des siliziumlegierten Eisens für die Größe und den Verlauf der Strom- und Winkelfehler eines Stromwandlers wenig günstig. Hohe Leistungen und Meßgenauigkeit lassen sich dabei nur mit verhältnismäßig großem Aufwand an Werkstoff erzielen. Um

hier Abhilfe zu schaffen, ging man schon vor vielen Jahren daran, das Arbeiten der Stromwandler vom Gebiet der niedrigen Permeabilität des Eisens weg in das Gebiet der höheren oder höchsten Permeabilität zu legen (vgl. die Kurve für Siliziumeisen in Abb. 5) oder anders ausgedrückt, vom gekrümmten Bereich a der Magnetisierungskurve weg auf den steilsten Ast b zu rücken (Abb. 6). Zur Lösung dieser Aufgabe war es nun erforderlich, zu anderen Schaltungen und zu mehreren Teilkernen zu greifen. Es entstanden dadurch die sog. Kunstschaltungen, die im

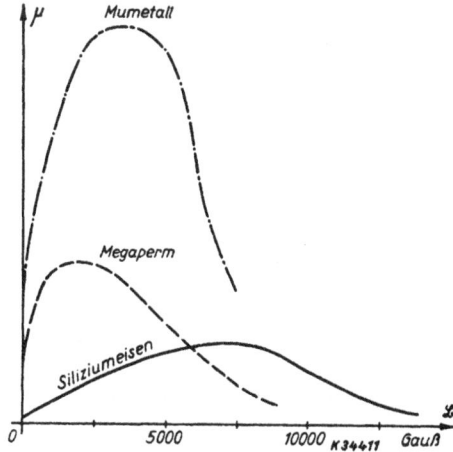

Abb. 5. Permeabilitätskurven verschiedener Eisenlegierungen.

Schrifttum und in der Praxis u. a. die Bezeichnungen Vormagnetisierung und Gegenmagnetisierung tragen.

Unter Vormagnetisierung versteht man die zusätzliche Magnetisierung der Eisenkerne, die unabhängig von den Strömen im

Stromwandler von außen her durch Gleich- oder Wechselstrom herbeigeführt wird. Die Gegenmagnetisierung bedarf dagegen keiner fremden Quelle; die gesteigerte Magnetisierung ergibt sich hier durch zweckmäßiges Aufteilen einer einzigen Sekundärwicklung auf zwei oder mehrere Kerne, in denen die magnetischen Flüsse im normalen Strombereich entgegengesetzte Richtungen haben.

Es würde im Rahmen dieses Buches zu weit führen, auf die Vielzahl der vorgeschlagenen Kunstschaltungen einzugehen, zumal die wichtigsten davon im Schrifttum bereits ausführlich be-

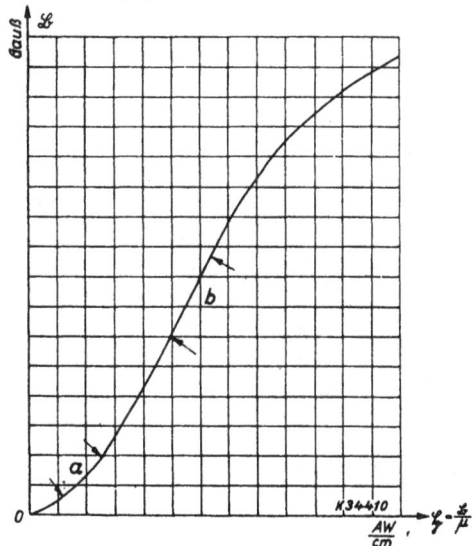

Abb. 6. Magnetisierungskurve für Siliziumeisen (grundsätzlicher Verlauf).

handelt worden sind[1]). Im folgenden soll nur eine Kunstschaltung, und zwar die in Deutschland seit 1927 im großen Ausmaße angewendete Gegenmagnetisierung nach Vahl kurz erläutert werden[2]).

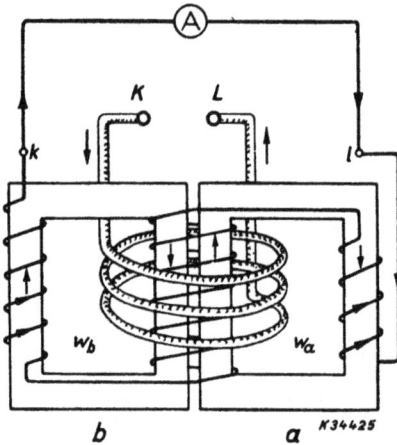

Abb. 7. Grundschaltung der Gegenmagnetisierung nach H. Vahl.

Der Kernaufbau und die Anordnung der Wicklungen dieser Schaltung sind für einen Mehrleiterwandler im Prinzip aus Abb. 7 ersichtlich. Die Primärwicklung und der Hauptanteil der Sekundärwicklung umfassen die benachbarten Schenkel der zwei getrennten Schenkelkerne a und b. Die übrigen Windungen der Sekundärwicklung sind auf die beiden äußeren Schenkel in ungleicher Anzahl verteilt. Im rechten Kern überwiegen die primären Amperewindungen, im linken dagegen die sekundären Amperewindungen. Das erforderliche Übergewicht kann durch geeignete Wahl des Windungsunterschiedes leicht geregelt und dadurch die erforderliche Magnetisierung in das Gebiet der höchsten Permeabilität gerückt werden. Der die Meßfehler bedingende fiktive Magnetisierungsstrom bleibt dann trotz hoher Induktion in den beiden Kernen (6000...8000 Gauß bei Nennstrom) noch klein und vor allem proportional dem Primärstrom.

Die Wirkungsweise der Gegenmagnetisierung läßt sich wie folgt darstellen. Der Kern a arbeitet als eigentlicher Meßkern; er nimmt stets Leistung aus dem Netz auf. Der Kern b, dessen sekundäre Windungszahl größer ist als die vom Kern a ($w_b > w_a$) und dessen sekundäre AW-Zahl außerdem höher ist als die primäre, liefert dagegen im Normalbetrieb Leistung in das Netz hinein. Der Meßkern ist bei dieser Anordnung sowohl durch die Nutzbürde z_2 als auch durch den b-Kern als zusätzliche, veränderliche Bürde belastet. Durch diese veränderliche Bürde werden die Strom- und Winkelfehler nahezu konstant gehalten. Auf die näheren physikalischen Vorgänge sei hier nicht weiter einge-

---

[1]) Jliovici, Bull. Soc. franç. Electr. 1923 Nr. 23 und 1930, S. 1191; Boyajian und Skeats, J. Amer. Inst. electr. Engr. 1929, S. 308; Wellings und Mayo, J. Inst. electr. Engr. 1930, S. 704; J. Goldstein, ETZ 1932, S. 428; W. Reiche, ETZ 1932, S. 961.

[2]) H. Vahl, Vor- und Gegenmagnetisierung, VDE-Fachberichte 1934, S. 38; DRP. 528349 v. 5. 9. 1925 und Zusatzanmeldungen; ÖP. 115961 v. 23. 7. 1926. — M. Erich, Gütesteigerung von Stromwandlern, ETZ 1937, (z. Zt. im Druck).

gangen[1]). Die Absolutwerte der Stromfehler können in bekannter Weise durch Windungsabgleich auf kleinste Werte gebracht werden.

Im Überstromgebiet arbeitet ein gegenmagnetisierter Stromwandler ähnlich wie ein solcher ohne Kunstschaltung mit gleicher Eisenmenge. Bei Eintritt der Sättigung im a-Kern kehrt nämlich der Kraftfluß im b-Kern seine Richtung um, weil der Sekundärstrom hinter seinem Sollwert zurückbleibt und infolgedessen das Übergewicht der Sekundär-Amperewindungen gegenüber der Primärseite auch beim b-Kern fortfällt. Der Kern b bezieht nunmehr auch Leistung aus dem

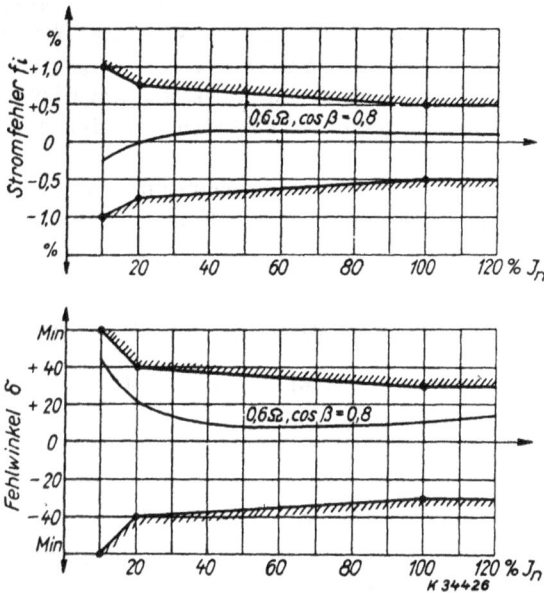

Abb. 8. Kennlinien eines gegenmagnetisierten Stromwandlers der Kl. 0,5.

Netz und schaltet sich mit seinem Eisen praktisch parallel zum a-Kern. Dadurch ist die Überstromziffer n ebenso groß wie bei Wandlern ohne Kunstschaltung mit gleichem Eisenaufwand.

Die Gegenmagnetisierung verbürgt also kleine und nahezu gleichbleibende Strom- und Winkelfehler im normalen Strombereich (Abb. 8). Man erhält mit ihr die gleiche Überstromziffer wie bei Wandlern ohne Kunstschaltung mit gleichem Eisenaufwand. Über dies hinaus erhöht sich die Kurzschlußfestigkeit der Mehrleiterwandler sehr erheblich, denn sie benötigt infolge der geschenkten« zusätzlichen Magnetisierung nur etwa die Hälfte der Primärwindungen wie ein Wandler in einfacher Ausführung bei gleicher Leistung und Klassengenauigkeit.

---

[1]) Genauere Ausführungen hierüber siehe in den Aufsätzen von H. Vahl und M. Erich.

Die Anwendung der Gegenmagnetisierung ist bei Einleiter-wandlern für kleine Nennstromstärken von besonders großer Bedeutung, weil durch sie die Leistungsfähigkeit um 50...100% ohne Schwierigkeit gesteigert werden kann.

Neben der Gütesteigerung eines Stromwandlers durch Kunstschaltungen besteht zur Verbesserung noch ein anderer mit Erfolg beschrittener Weg, nämlich die Verwendung von hochpermeablen Eisenlegierungen, z. B. von Nickeleisen, an Stelle von Siliziumeisen. Diese magnetisch weichen Werkstoffe zeichnen sich dadurch aus, daß sie schon bei niedriger Induktion sehr hohe Permeabilitätswerte aufweisen (Abb. 5). Leider sind die Wandlerkerne aus Nickeleisen wegen ihrer verhältnismäßig niedrigen Sättigungsgrenze bzw. Überstromziffer für den Anschluß von Schutzrelais meistens ungeeignet. Über die Nickeleisen-Legierungen wird im nächsten Kapitel noch näher berichtet.

Gleichzeitige Anwendung von Kunstschaltungen und hochpermeablen Eisenlegierungen gewährleistet in vielen Fällen die bestmögliche Gütesteigerung der Stromwandler.

C. Aufbau und Ausführungsformen der Stromwandler.

Die Bauweise der Stromwandler wird durch die Form des Eisenkernes, die Anordnung der primären und sekundären Wicklung und schließlich durch die Art der Isolierung bestimmt.

1. Ausführung der Eisenkerne.

Bei den Eisenkernen, die als Träger des magnetischen Kraftflusses unter den Werkstoffen des Wandlerbaues eine sehr wichtige Rolle spielen, unterscheidet man grundsätzlich vier Ausführungsarten:

    a) den Schenkelkern (Abb. 9),
    b) den Mantelkern (Abb. 10),
    c) den Ringkern (Abb. 11),
    d) den Stabkern (Abb. 28).

Die Eisenkerne werden gewöhnlich aus einzelnen gestanzten Eisenblechen von 0,35...1,0 mm Stärke zusammengesetzt (Schichtkerne). Zuweilen wickelt man die Ringkerne auch aus Bändern (Wickelkerne). Die Wahl der einen oder anderen Kernart wird im wesentlichen durch die Bauweise der Wandler bestimmt.

Verwendet wird bei den Kernen für Meß-, Zähl- und Relaiszwecke vorwiegend siliziertes Eisenblech (etwa 4% Silizium) mit möglichst großer Permeabilität und kleiner Verlustziffer. Seit den letzten Jahren benutzt man für den Kernaufbau nicht selten Bleche aus Nickeleisen-

Legierungen[1]), die sich durch eine besonders hohe Permeabilität im Anfangsgebiet auszeichnen (vgl. Abb. 5) und die eine erhebliche Steigerung der Typenleistung zur Folge haben. Diese erhöhte Typenleistung

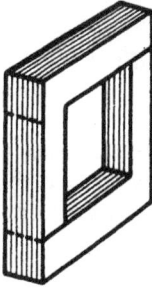

Abb. 9.
Schenkelkern.

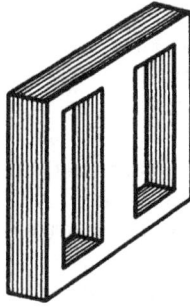

Abb. 10.
Mantelkern.

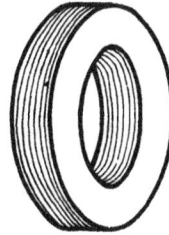

Abb. 11. Ringkern
in Schicht- oder Wickelform.

kann zur Erhöhung der Meßleistung, der Genauigkeit oder der Kurzschlußfestigkeit verwendet werden.

Die meisten Nickeleisen-Legierungen haben wegen ihrer hohen Permeabilität im Gebiet bis etwa 3000...5000 Gauß eine ausgezeichnete Leistungsfähigkeit im Bereich der Netz-Betriebsströme. Im Überstromgebiet erreichen sie jedoch bereits bei der geringen Liniendichte von 6000...9000 Gauß ihre Sättigungsgrenze. Die entsprechenden Werte der Überstromziffer sind daher verhältnismäßig klein und liegen etwa bei $n = 4...8$. Wandler mit Nickeleisenkernen sind also für den Anschluß der meisten Ausführungen von Schutzrelais, wie Distanzrelais, abhängige bzw. begrenzt abhängige Überstromzeitrelais, Stufen-Überstromzeitrelais[2]) u. dgl. ungeeignet[3]).

Für solche Schutzrelais wird gewöhnlich eine Überstromziffer $n \geqq 10$ gefordert, die mit Siliziumeisen, dessen Sättigungsgrenze etwa bei 15000...20000 Gauß liegt, leicht erzielt werden kann. Das Siliziumeisen hat nämlich eine mehr gestreckte, d. h. eine verhältnismäßig flache Permeabilitätskurve (Abb. 5).

---

[1]) Der Ni-Gehalt liegt zwischen 40 und 80%; es können auch Zusätze anderer Elemente enthalten sein. Dementsprechend sind die Bezeichnungen der Nickeleisen-Legierungen verschieden, wie Permalloy, Hypernik, Megaperm, Mu-Metall u. dgl. — Gemäß den jüngsten Versuchsergebnissen sollen Eisenlegierungen mit verhältnismäßig wenig Zusatz von Aluminium und Silizium nahezu die gleichen Eigenschaften haben wie Nickeleisen-Legierungen.

[2]) M. Walter, Neue Verfahren beim Überstrom-Zeitschutz, FTZ 1934, S. 206.

[3]) Diese Aussage trifft im wesentlichen auch für solche Nickeleisen-Legierungen zu, die eine Sättigung erst bei 13000...15000 Gauß aufweisen, denn ihre »Anfangspermeabilität« ist dabei im Verhältnis zum Siliziumeisen ebenfalls schon hoch.

Nickeleisen-Legierungen sind im Vergleich zum Siliziumeisen immer noch sehr teuer, was sich im Preis der Wandler oft stark auswirkt. — Für die richtige Auswahl der Wandler müssen die geschilderten magnetischen Eigenschaften der Eisenkerne unbedingt mit berücksichtigt werden.

Zuweilen bieten Mischkerne, d. h. Kerne, die aus Siliziumeisen- und Nickeleisenblechen zusammengesetzt sind, eine befriedigende meßtechnische und zugleich wirtschaftliche Lösung (vgl. die Ausführungen auf S. 55).

Um den Magnetisierungsstrom klein zu halten, ist es unter sonst gleichen Bedingungen notwendig, den Eisenweg für die Kraftlinien möglichst kurz und den Eisenquerschnitt genügend groß zu wählen.

Zur Verminderung des Magnetisierungsstromes wird schließlich auch dadurch beigetragen, daß die erwähnten Kernarten entweder keine oder aber nur von Blech zu Blech versetzte Stoßfugen erhalten. Ringkerne, die vorwiegend bei den Einleiterwandlern zur Anwendung gelangen, werden entweder aus fugenlos gestanzten Ringkernblechen (Komplettschnitten) zusammengesetzt oder aus Bändern gewickelt.

2. Ausführung der Primär- und Sekundärwicklungen.

Hinsichtlich der Gestaltung der Primärwicklung unterteilt man die Stromwandler zweckmäßig in Einleiter- und Mehrleiterwandler.

Einleiterwandler. Zu den Einleiterwandlern gehören die Stab- und Schienenwandler (Abb. 12...16). Ferner auch die Ölschalter-Durchführungsstromwandler und Kabel-Endverschlußwandler (Abb. 17 u. 18). Da solche Wandler auf der Primärseite nur eine einzige »Windung« besitzen[1] bzw. einen einzigen »Durchgang« durch das Kernfenster aufweisen, ist naturgemäß ihre Nennleistung im wesentlichen von der Größe des primären Nennstromes abhängig. Einleiterwandler für kleine Nennstromstärken (unter etwa 200 A) können daher im allgemeinen bei bestimmter Klassengenauigkeit nur kleine Nennleistungen hergeben; denn es ist zu beachten, daß die Leistungsfähigkeit eines Einleiterwandlers unter sonst gleichen Bedingungen etwa mit dem Quadrat der Stromstärke abnimmt. Hat z. B. ein Stabstromwandler mit dem Nennstrom $I_a = 200$ A eine Nennleistung von $N_2 = 30$ VA, so leistet ein Wandler gleicher Ausführung bei einem Nennstrom $I_b = 100$ A nur

$$N'_2 = \left(\frac{I_b}{I_a}\right)^2 \cdot N_2 = \left(\frac{100}{200}\right)^2 \cdot 30 = 7{,}5 \text{ VA}. \quad \ldots \ldots \quad (8)$$

---

[1] Die Rückleitung bzw. die Ergänzung des Primärleiters zu einer Windung erfolgt durch das Netz.

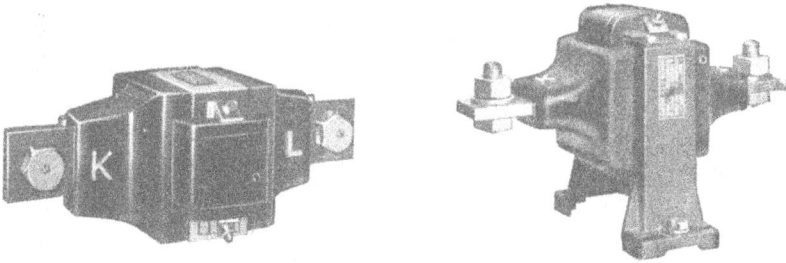

Abb. 12. Schienenstromwandler der Reihe 3 mit und ohne Fuß (AEG).

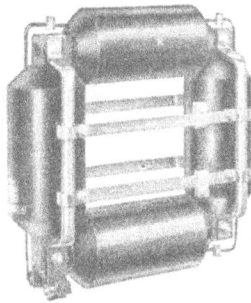

Abb. 13. Umbaustromwandler der Reihe 0 für 20 000/10 A
mit verstellbarer lichter Öffnung (AEG).

Abb. 14. Schienen- und Stabstromwandler der Reihen 3 und 20 (S & H).

Abb. 15. Stabstromwandler der Reihe 20
mit Porzellanisolation (K & St).

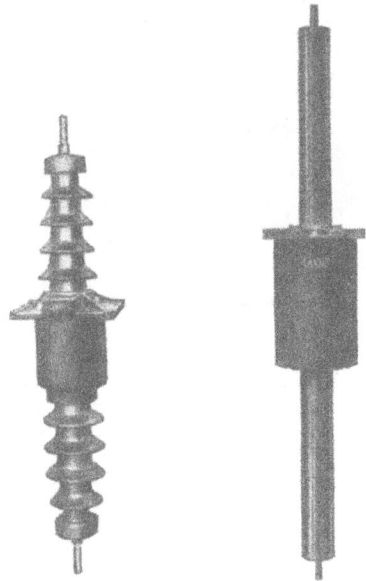

Abb. 16. Stabstromwandler der Reihe 30 und 100
mit Porzellan- und Geaxisolation (AEG).

Abb. 17. Kabelendverschluß-
Stromwandler.

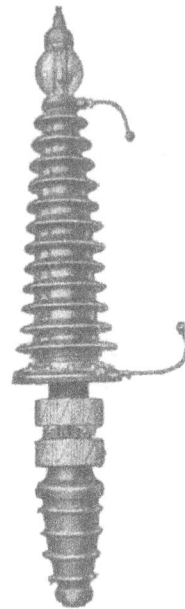

Abb. 18. Ölschalterdurchführung, ausgebildet
als Einleiter-Stromwandler.

Abb. 19. Mehrleiter-Stromwandler
der Reihe 3 mit Eisengummi-
Isolation (AEG).

Abb. 20 u. 21. Mehrleiter-Stromwandler
der Reihe 3 mit Porzellanisolation
(K & St und S & H).

Abb. 22. U-Rohr-Stromwandler der Reihe 10 mit Porzellanisolation (AEG).

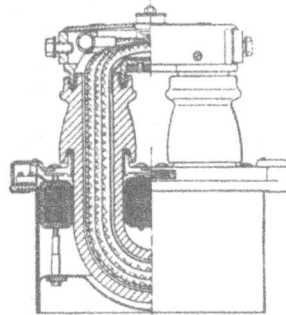

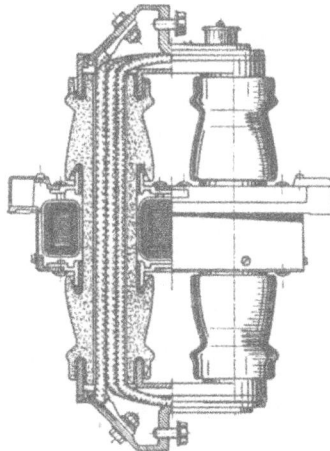

Abb. 23. Mehrleiter-Durchführungs-Stromwandler der Reihe 10 mit Porzellanisolation (AEG).

Abb. 24. Topfstromwandler (K & St und S & H) mit einteiligem Querloch-Porzellankörper der Reihe 30 nach F. J. Fischer.

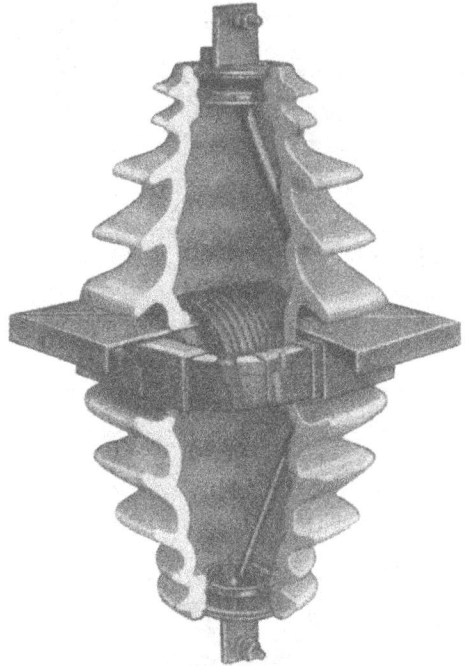

Abb. 25. Durchführungsstromwandler (K & St und S & H) der Reihe 30 mit einteiligem Querloch-Porzellankörper nach F. J. Fischer.

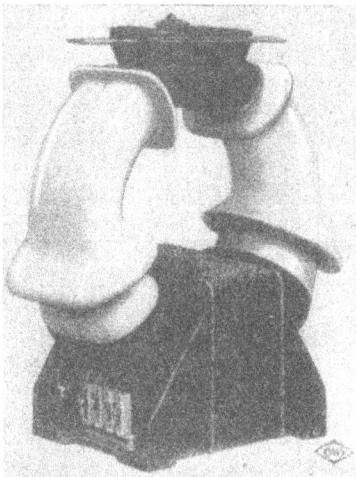

Abb. 26. Reifenstromwandler (SW) mit Porzellanisolation der Reihe 20.

Abb. 27. Stützerkopfstromwandler (SSW) mit Porzellanisolation der Reihe 10.

Durch die Verwendung von Kunstschaltungen oder von Nickel-eisenkernen oder aber durch gleichzeitige Anwendung beider Maß-nahmen ist es in den letzten Jahren gelungen, selbst bei sehr kleinen Nennstromstärken (bis 50/1 bzw. 50/5 A herunter) Nennleistungen von 15 VA in Klasse 1 zu erzielen. Natürlich muß dabei oft auch mit der Kernhöhe, d. h. mit dem Eisenquerschnitt, stark nachgeholfen werden. Stabstromwandler werden zur Zeit für Nennströme von 20/1 A bis etwa 2000/5 A, Schienenwandler von etwa 100/5...50000/10 A ausgeführt.

Mehrleiterwandler. Zu den Mehrleiterwandlern zählen alle Wandler, die auf der Primärseite ausgeprägte Wicklungen besitzen, z. B. die Kleinstromwandler (Abb. 19...21) sowie die Topf-, Schleifen-, Querloch-, Reifen-, Stützerkopf-Stromwandler usw. (Abb. 22...27). Die Mehrleiter-wandler werden unabhängig von der Nennstromstärke, die in der Größen-ordnung von 5/5 bis etwa 1000/5 A liegt (vgl. Zahlentafel III auf S. 85), mit ungefähr der gleichen Nenn-Amperewindungszahl von 800...1200 AW ausgeführt. Ihre Nennleistung ist daher im Gegensatz zu den Einleiter-wandlern unabhängig vom Nennstrom bzw. vom Nenn-Übersetzungs-verhältnis. Durch Anwendung einer Kunstschaltung oder von Nickel-eisenkernen kann bei gleicher Nennleistung und Klassengenauigkeit die Nenn-AW-Zahl um etwa die Hälfte vermindert werden, wodurch die Kurzschlußfestigkeit zwangläufig eine wesentliche Steigerung erfährt (ausführlicher s. in den Kapiteln G und H). — Zu den Mehrleiterwandlern zählen auch die sog. Eisen-Stabwandler (Abb. 28), die im Gegen-

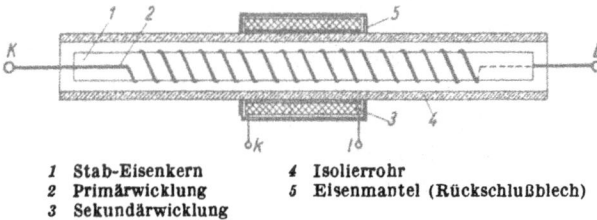

1	Stab-Eisenkern	4	Isolierrohr
2	Primärwicklung	5	Eisenmantel (Rückschlußblech)
3	Sekundärwicklung		

Abb. 28. Schematischer Aufbau des Eisen-Stabwandlers (S & H).

satz zu den üblichen Stromwandlern mit offenem magnetischen Kreis arbeiten. Der lamellierte Eisenstab wird durch die auf ihn gewickelte Primärspule magnetisiert. In jüngster Zeit erhalten diese Wandler zur Verbesserung ihrer Eigenschaften auch Eisen-Rückschlußmäntel. Eisen-stabwandler werden für Nennstromstärken von etwa 5...70 A und für Reihenspannungen von etwa 30...100 kV als Ersatz für die üblichen Stabstromwandler ausgeführt[1].

---

[1] Ausführlicher s. in B. Lukschik, Eisenstab-Stromwandler, ATM 1936, Z 282—2; Skirl, Elektrische Messungen, Verlag Walter de Gruyter, S. 107 und 126.

Sekundärwicklungen. Die Sekundärwicklungen von Einleiter- und Mehrleiterwandlern werden im allgemeinen für die Nennstromstärke 5 A ausgelegt; je nach den Erfordernissen der Praxis auch für 1 und 10 A. Die Sekundärwicklungen erhalten ungefähr so viel Windungen, wie sich aus den diesbezüglichen AW-Zahl-Gleichungen (1 und 2) auf S. 9 ergeben. Bei einem Stabstromwandler 30/5 A dürfte man z. B. auf der Sekundärseite nur 6 Windungen aufbringen. Daß mit einer so geringen Anzahl von Sekundärwindungen ein Abgleichen des Wandlers für eine bestimmte Meßgenauigkeit verhältnismäßig schwer ist, kann wohl als Selbstverständlichkeit hingenommen werden. Die Abhilfe erfolgt hier am besten durch Windungsschleifen, die nur einen Teil des magnetischen Flusses umschließen, oder aber dadurch, daß der Nennstrom auf der Sekundärseite von 5 A auf 1 A vermindert und somit die Windungszahl auf 30 erhöht wird. Aus diesem Grunde erhalten viele Stabwandler bis 100 A Nennstrom sekundärseitig Wicklungen für 1 A. —

Den Nennstrom 1 A sieht man auch dann gern vor, wenn große Entfernungen zwischen den Wandlern und den Meßgeräten zu überbrücken sind, beispielsweise in großen Freiluftanlagen, um dabei geringere Verluste in den Verbindungsleitungen bei gleichem Materialaufwand zu erhalten ($I_1{}^2 \cdot r = 1^2 \cdot r$ statt $I_5{}^2 \cdot r = 5^2 \cdot r$, also Verhältnis der Verluste 1:25).

Sekundärnennströme von 10 A bieten mitunter Vorteile bei Distanzschutzeinrichtungen[2]). Man benutzt sie hier, um die Impedanz der Schützlinge (Freileitungen, Kabel u. dgl.), bezogen auf die Sekundärseite der Wandler, für eine bessere Anpassung der Relais-Zeitkennlinien zu verringern oder aber um die Anregung der Relais bei Schwachlast des Netzes (nachts und an Sonntagen) sicherer zu gestalten. Bei Schienenstromwandlern für große Nennströme von etwa 10000...50000 A werden 10 A Sekundärwicklungen zuweilen auch zur Verminderung der Sekundärspannung (bei offenem Sekundärkreis) benutzt.

Der Leiterquerschnitt einer Sekundärwicklung wird gewöhnlich so ausgelegt, daß die Stromdichte bei Nennstrom 1,3...2 A/mm² beträgt.

3. Art der Isolierung.

Die Stromwandler werden von den maßgebenden Herstellerfirmen für alle zur Zeit gängigen Reihenspannungen (von 0...200 kV, vgl. Zahlentafel I) gebaut. Die zur Anwendung gelangenden Isolierstoffe sind dabei verschiedener Art und Beschaffenheit. Bislang kommen im Wandlerbau immer noch eine ganze Reihe von Isolierverfahren zur Anwendung, wie

a) Luftisolierung,
b) Preßstoffisolierung (Tenazit, Eisengummi),

---

[2]) M. Walter, Der Selektivschutz nach dem Widerstandsprinzip, R. Oldenbourg 1933, S. 46...61.

c) Masseisolierung (einfaches Compound oder Quarzmasse),
d) Ölisolierung,
e) Porzellanisolierung (Abb. 28a),
f) Hartpapierisolierung (Geax, Repelit, Pertinax u. a. m.).

Abb. 28a. Porzellankörper für die U-Rohrstromwandler (Abb. 22),
Querlochstromwandler (Abb. 25) und Reifenstromwandler (Abb. 26).
Dieses Bild ist dem Aufsatz H. v. Treufels, Keramische Werk-
stoffe in der Hochspannungstechnik, ETZ 1937. S. 473 entnommen.

Den Bedürfnissen der Praxis nach raumsparenden, explosions- und
qualmsicheren Stromwandlern folgend, werden die neuesten Bauformen
der Wandler für die Reihenspannungen von 0...30 kV vorwiegend mit
Porzellan- oder Preßstoffisolierung ausgeführt[1]) (Abb. 12...14 und 19...27).
Solche Wandler können beliebig eingebaut werden (auch hängend) und
bedürfen überdies keiner Wartung. Die luft-, masse- und ölisolierten
Wandler kommen daher immer mehr ins Hintertreffen. In Freiluftanlagen werden allerdings die ölisolierten Stromwandler auch bei diesen
Spannungen immer noch gern angewendet, obwohl es hierfür auch schon
trockenisolierte Wandler gibt.

Bei den höheren Reihenspannungen (30...200 kV), bei denen die
Kurzschlußströme und mithin die Kurzschlußwirkungen — gleicher
Maschineneinsatz vorausgesetzt — viel kleiner sind, begnügt man sich
in Freiluftanlagen vornehmlich mit ölarmen Stromwandlern (Topfwandler, Stützerwandler, Abb. 29...31). In Innenräumen verwendet
man dagegen auch heute noch vorwiegend hartpapierisolierte Stab- und

---

[1]) Der Querloch-Stromwandler aus einteiligem Porzellankörper wurde von
F. J. Fischer 1919 angegeben. Im Jahre 1922 erfolgten schon die ersten Liefe-
rungen durch die Firma Koch & Sterzel A.-G. Es ist das unstreitbare Verdienst
von Fischer, Mehrleiter-Stromwandler mit reiner Porzellanisolation, also unbrenn-
bare Stromwandler, als erster für Hochspannungsanlagen in brauchbarer Form
bereitgestellt zu haben; vgl. F. J. Fischer, Stromwandler, Koch & Sterzel-Mitt.
Nr. 4 vom Juni 1923 und Nr. 12 vom Sept. 1927.

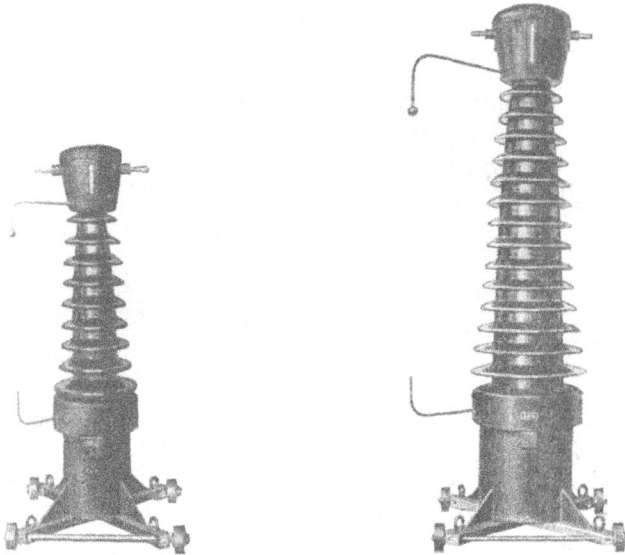

Abb. 29.
Ölarme Stromwandler der Reihen 100 und 200; auch mit Clophenfüllung ausführbar (AEG).

Abb. 30. Ölarmer Stützerstromwandler
der Reihe 200 (K & St).

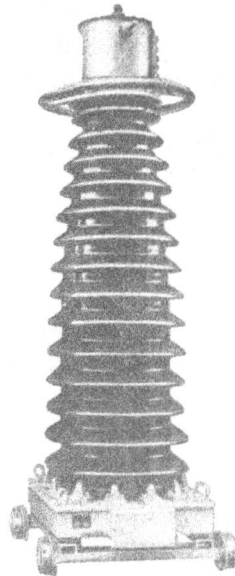

Abb. 31. Ölarmer Stützerstromwandler
der Reihe 200 (S & H).

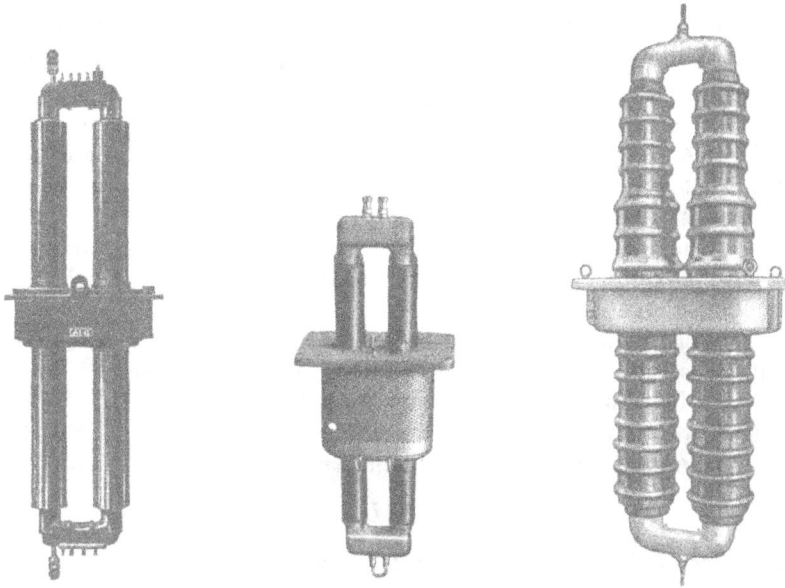

Abb. 32. Schleifen-Stromwandler der Reihen 100 und 45; Firmen AEG, S & H und K & St.

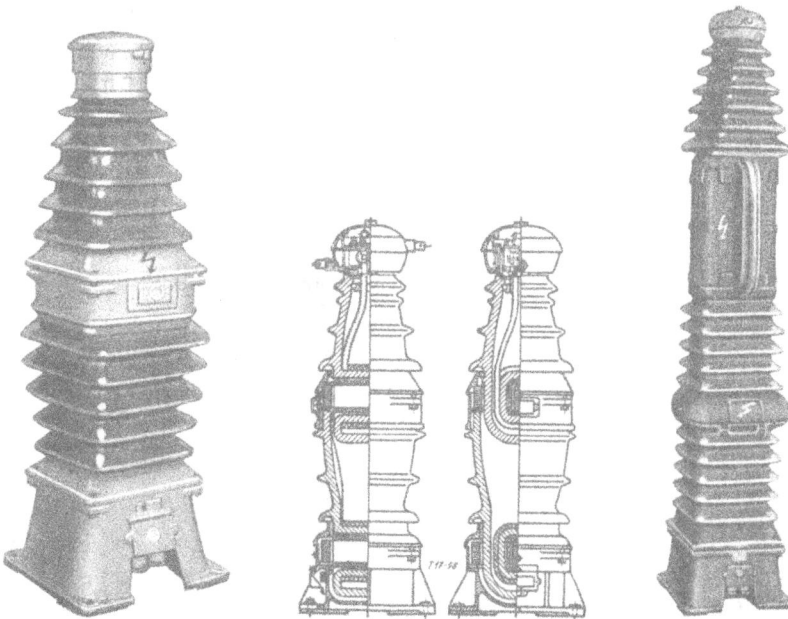

Abb. 33. Kaskaden-Querloch-Stromwandler der Reihen 60 und 100 nach F. J. Fischer (K & St).

Schleifenwandler (Abb. 16 und 32) mit Kondensatordurchführungen, die in vielen Fällen zur Erhöhung der elektrischen Sicherheit mit Porzellanüberwurf versehen werden.

Für die Reihenspannungen 30...200 kV liefern einige Hersteller außer den hier genannten Wandlern auch solche, die mit Porzellan- oder mit einer anderen unbrennbaren Isolierung ausgeführt werden, z. B. Kaskaden-Querloch-Stromwandler[1]) (Abb. 33).

In jüngster Zeit sind Bestrebungen im Gange, das Öl durch andere, weniger brandgefährliche flüssige Isoliermittel, wie Pyranol, Inerten, Clophen u. dgl. zu ersetzen.

Durch Verbesserung der Isolierverfahren sowie der magnetischen Eigenschaften der Meßkerne konnten die Abmessungen und Gewichte der Wandler neuerer Ausführung gegenüber denen der älteren Bauart wesentlich vermindert werden, obwohl die seit 1932 geltenden Prüfspannungen nach der Prüfungsformel

$$U_p = 2{,}2\,U + 20\ \text{kV}$$

gegenüber der früheren beträchtlich erhöht worden sind (vgl. Zahlentafel I). U bedeutet die Reihenspannung.

Zahlentafel I.
Genormte Spannungswerte für Strom- und Spannungswandler nach den REW/1932.

Reihen-spannung kV	Höchste Betriebsspannung kV	Prüf-spannung kV	Mindest-Überschlags-spannung kV
(0)	0,75	3	3,3
1	1,15	10	11
3	3,45	26	29
6 *)	6,9	33	36
10	11,5	42	46
20	23	64	70
30	34,5	86	95
45	51,75	119	131
60	69	152	167
80	92	196	216
100	115	240	264
120	138	284	312.
150	172,5	350	385
200	230	460	506

*) Nur für den Einbau in geschlossene und gekapselte Anlagen (REH 1937).

Von einigen Abnehmern werden trotz der hohen VDE-Prüfspannungen noch Prüfungen der Stromwandler mit Gleichstrom-Stoßspan-

---

[1]) W. Reiche, Kaskadenstromwandler, ATM 1931, Z 287—1.

nung verlangt, die höher liegen muß als die Überschlagsspannung der Isolatoren auf den Freileitungen, bzw. es muß der Entladeverzug bei den Stromwandlern größer sein als bei den Freileitungsisolatoren.

Als besonders wertvolles Mittel zur Prüfung des Isolationszustandes der Wandler gilt die Messung und Aufzeichnung der dielektrischen Verluste. Nähere Ausführungen hierüber siehe auf S. 101. Aus wirtschaftlichen Gründen wird man derartige Messungen vorerst nur bei Typenprüfungen vornehmen können.

Die Sekundärwicklungen werden gemäß den VDE-Regeln gegen Erde eine Minute lang mit einer 50-Hz-Wechselspannung von 2000 V geprüft.

Die Betriebssicherheit und Wirtschaftlichkeit der Wandler ist bis jetzt in Deutschland am weitesten getrieben. Auch an gelungenen Original-Konstruktionen steht Deutschland an erster Stelle.

4. Sonderausführungen.

Wandler mit mehreren Kernen. In der Praxis werden die Stromwandler sehr oft mit zwei Kernen, einem für Meßzwecke und einem für Relaiszwecke, verlangt. Wandler mit drei und sogar vier Kernen sind heute keine Seltenheiten mehr. Hierfür eignen sich besonders die Einleiterwandler und teilweise die verstärkten Ausführungen von Wickelwandlern. In Abb. 59 sind Grundschaltbild und Skizze eines Stabwandlers mit drei getrennten Kernen und Wicklungen zum Anschluß von Meßgeräten, Distanzrelais und Erdschlußrelais dargestellt. Die Bezeichnungen der Wandlerklemmen sind dort ebenfalls angegeben.

Die Kerne können, wie schon früher erwähnt, aus Siliziumeisen oder Nickeleisen oder aber als gemischte Kerne aus beiden Blechsorten erstellt sein (vgl. a. die Ausführungen auf S. 55). Nickeleisenkerne sind immer noch verhältnismäßig teuer, lassen dafür aber bei einem gegebenen Wandlermodell eine höhere Leistung bei bestimmter Klassengenauigkeit erzielen. Für den Anschluß von Distanzrelais, abhängigen bzw. begrenzt abhängigen Überstromzeitrelais sind Nickeleisenkerne zumeist ungeeignet, da sie, wie schon früher erwähnt, gewöhnlich nur eine kleine Überstromziffer ($n = 4...8$) aufweisen. Weitere Ausführungen hierüber siehe im Kap. D).

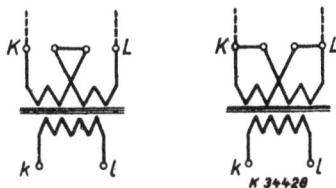

Abb. 34. Primäre Umschaltung 1:2.

Umschaltbare Wandler. Die Stromwandler für Schaltanlagen werden in der Praxis zuweilen auch umschaltbar verlangt, meist im Verhältnis 1:2.

Bei der primären Umschaltung erhält der Stromwandler zwei getrennte Primärwicklungen, die nach Bedarf an Ort und Stelle ent-

weder in Reihe oder aber parallel geschaltet werden (Abb. 34). Die
Reihenschaltung liefert die kleinere Nennstromstärke, die Parallel-
schaltung die größere. Da die primäre AW-Zahl in beiden Fällen gleich
groß ist, so bleibt die Nennleistung bei der gegebenen Klassengenauigkeit unverändert. Die primäre Umschaltung ist nur bei
Mehrleiterwandlern möglich.

Bei der sekundären Umschaltung wird ein anderer Weg ein-
geschlagen. Die Primärwicklung bleibt unverändert, dagegen wird die
einzige Sekundärwicklung unterteilt, z. B. im Verhältnis 2:1 bzw.
3:1, oder besser ausgedrückt, angezapft
(Abb. 35). Der Wandler mit der halben
Sekundärwicklung liefert dann aber bei
gleicher sekundärer Nennstromstärke
nur noch etwa $\frac{1}{4}$ der ursprünglichen
Leistung, beispielsweise statt 60 VA
nur noch 15 VA in Klasse 1, weil die
Nenn-AW-Zahl auf die Hälfte (bzw.
auf ein Drittel) vermindert worden ist
und damit die Leistung ungefähr quadratisch abnimmt. Die sekundäre Um-

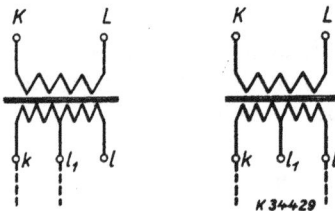

Abb. 35. Sekundäre Umschaltung
(Anzapfung) 1:2.

schaltung ist sowohl bei den Mehrleiter- als auch bei den Einleiterwandlern möglich.

Die primäre Umschaltung verlangt gewöhnlich mehr Aufwand als
die sekundäre. Sie ist teurer, aber auch vorteilhafter; denn die Nennleistung bleibt dabei erhalten. Beide Umschaltarten haben den Zweck,
einen großen Bereich des Primärstromes zu erfassen und bei kleinen
Betriebsströmen noch ausreichend große Sekundärströme zu liefern.

Summenstromwandler. Für die elektrische Summierung von Strömen oder Leistungen synchroner[1] Netzteile werden manchmal
Summenwandler verwendet[2]. Diese Wandler sind Zwischenwandler
in Sonderausführung (vgl. z. B. Abb. 36), mit denen die Ströme von
mehreren Leitungen (bis etwa 15) gleicher oder verschiedener Betriebsspannung zu einem Sekundärstrom zusammengefaßt werden. Sie besitzen soviel Primärwicklungen als Hauptwandler der gleichen Phasenbezeichnung vorhanden sind, und nur eine einzige Sekundärwicklung
(Abb. 37). Haben die Hauptstromwandler verschiedene Übersetzungsverhältnisse oder ist die Betriebsspannung der zu überwachenden Anlageteile sogar uneinheitlich, so wird diesen Verhältnissen bei Auslegung der Summenwandler durch Anpassung der Windungszahl Rech-

---

[1] Bei asynchronem Netzbetrieb kann die Summierung entweder über
mechanische Bindeglieder oder durch Impulszählungen erfolgen, vgl. W. Stäblein,
Die Technik der Fernwirkanlagen, Verlag R. Oldenbourg 1934, S. 54...59 u. 73...80.
[2] S. a. H. Vahl, Summation durch Summenstromwandler, Elektr. Wirtschaft
1931, S. 256; Summierung mit Stromwandlern, ATM V 3224—1.

nung getragen. Der sekundäre Nennstrom des Summenwandlers ist auch dabei normal 5 A, damit Strommesser, Leistungsmesser oder Betriebszähler üblicher Ausführung angeschlossen werden können.

Abb. 36. Summen-Stromwandler (AEG und K & St).

Die grundsätzliche Schaltung einer Summenmeßeinrichtung ist in Abb. 38 dargestellt. Hier werden die Ströme der gleichen Phasenleiter zweier Abzweigleitungen summiert und einem Leistungsmesser zugeführt.

Stromfehler und Fehlwinkel der Summenwandler liegen in der Größenordnung von gewöhnlichen Wandlern der Klassen 1 oder 0,5.

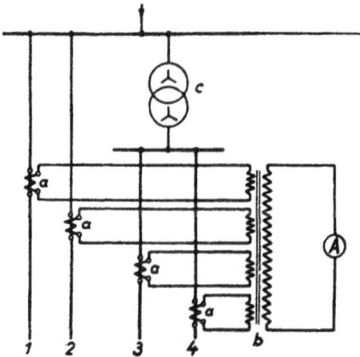

1, 2, 3, 4 Leitungsabzweige verschiedener Spannung. a Hauptstromwandler, b Summenstromwandler, c Kupplungs-Umspanner.

Abb. 37. Summenmessung von zwei synchronen Netzen verschiedener Spannung (einphasige Schaltung).

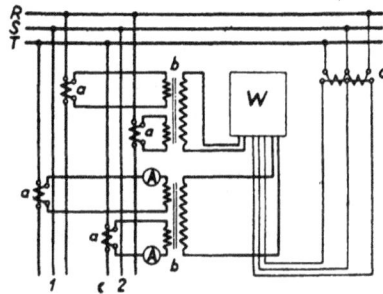

1, 2 Abzweige, a Hauptstromwandler, b Summenstromwandler, c Spannungswandler in V-Schaltung.

Abb. 38.
Summenwandler-Schaltung für Leistungsmessung.

Die Leistungsaufnahme der Wandler beträgt bei Nennstrom je nach der Bauform und Anzahl der Primärkreise etwa 15...35 VA, die von den Hauptstromwandlern anteilmäßig gedeckt werden. Durch Verwendung von Nickeleisenkernen kann die Leistungsaufnahme noch wesentlich herabgesetzt werden.

Die Summenmessung bietet gegenüber der Einzelmessung wirtschaftliche und betriebstechnische Vorteile. Durch sie können Meßgeräte oder Zähler eingespart oder aber, was wohl noch wichtiger ist, die Übersicht und Kontrolle der Lastverteilung kann einfacher und wirksamer gestaltet werden. Zur Erfassung der elektrischen Werte jedes einzelnen Abzweiges können natürlich, falls es erwünscht ist, noch geeignete Geräte in die Primärkreise der Summenwandler eingebaut werden.

Kabelringstromwandler. Die Erdschlußrichtungsrelais zur selektiven Anzeige bzw. Abschaltung der Erdschlüsse können nicht immer an die Betriebsstromwandler angeschlossen werden. Diesen fehlt oft die erforderliche Meßgenauigkeit bei den kleinsten Strömen. Überdies sind die Bürden der drei Wandler eines Leistungsstranges nicht immer so gleichmäßig verteilt, daß ein gutes Heraussieben des Unsymmetriestromes gewährleistet wird (vgl. a. die Ausführungen auf S. 60). Abhilfe bietet in solchen Fällen der sog. Kabelringwandler, der um den Mantel des Drehstromkabels gelegt wird (Abb. 39). Er umschlingt die drei Leiter gemeinsam und wird daher nur vom Unsymmetriestrom »erregt«. Da im Ringwandler die Wirkung der Leiterströme im gesunden Betrieb fortfällt, eine Überstromgenauigkeit nicht erforderlich und die Weglänge der magnetischen Kraftlinien klein ist, findet man bei diesen Wandlern schon mit verhältnismäßig kleinen Eisenmengen ein Auslangen, insbesondere wenn man hochpermeable Eisenbleche benutzt. Die geschachtelte Ausführung des Kernes, d. h. die weniger leistungsfähige Ausführung, gestattet nachträgliches Herumschichten um den Kabelmantel unterhalb des Kabelendverschlusses. Die Endverschlußerdung muß, wie in Abb. 39 angedeutet, durch den Ringkern geführt werden, damit bei unsymmetrischen Netzverhältnissen gegen Erde, z. B. bei Erdschluß, die magnetisierende Wirkung des Stromes im Kabelmantel diejenige der Kabelhauptstromleiter nicht ganz oder teilweise aufhebt.

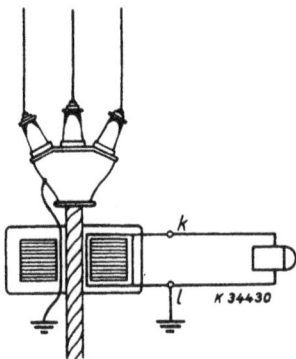

Abb. 39. Kabel-Ringstromwandler.

Auslegung, Herstellung und Prüfung der Kabelringwandler ist in vielen Fällen umständlich und schwierig. Sie werden daher verhältnismäßig selten angewendet.

Zwischenstromwandler. Darunter versteht man Stromwandler der Reihe O, die in den Sekundärkreis der Hauptstromwandler geschaltet werden und die dazu dienen, entweder eine Schaltung zweckmäßiger zu gestalten oder aber empfindliche Geräte gegen hohe Kurzschlußströme zu schützen.

Beim Distanzschutz und Richtungsschutz in einsystemiger Ausführung benutzt man oft zwei Hauptstromwandler in der üblichen Sternschaltung und bildet die gewünschte Kreuzschaltung (Differenzschaltung) mittels eines zweipoligen Zwischenwandlers (vgl. Abb. 40

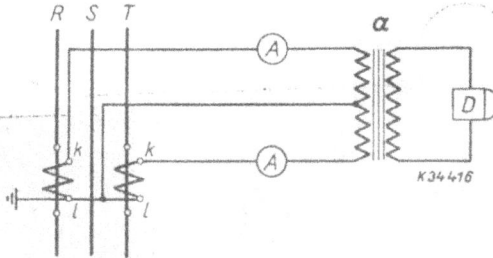

Abb. 40. Schaltung des Zwischenstromwandlers *a* zur Bildung der Kreuz- bzw. Differenzschaltung für ein einsystemiges Distanzrelais.

und die diesbezüglichen Ausführungen im Kapitel F). Der Zwischenwandler *a* muß hier eine hohe Überstromziffer aufweisen, d. h. sein Kern aus Siliziumeisen darf erst bei sehr hohen Kurzschlußströmen den Sättigungsgrad erreichen. Mit dieser Schaltung können die Leiterströme (vor dem Zwischenwandler) in der üblichen Weise gemessen werden.

Zwischenwandler, die zum Schutze der Bimetallstreifen in Schutzrelais gegen übermäßige Wärmewirkungen sehr hoher Kurzschlußströme dienen, erhalten ebenfalls Kerne aus Siliziumeisen (Abb. 41).

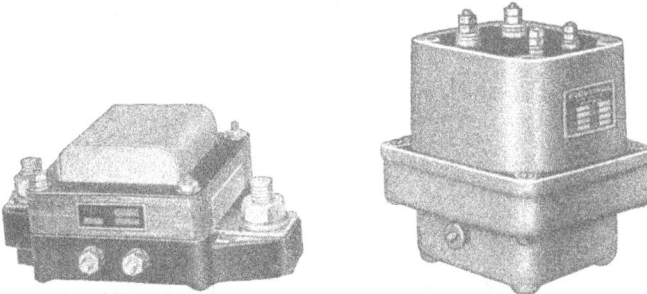

Abb. 41. Zwischenstromwandler (Sättigungswandler). (AEG und K & St).

Die Sättigungsgrenze kann bei etwa 10fachem Nennstrom liegen. Ähnliche Zwischenwandler benutzt man auch zum Schutze der Kontakte bei einigen Ausführungen von Überstromzeitrelais für Wandlerstromauslösung.

Zum Schutze empfindlicher Meßgeräte legt man dagegen die Zwischenwandler mit hoher Nenninduktion, d. h. für kleine Überstromziffern ($n < 4$) aus, damit die Einwirkungen der Stoß- und Dauerkurz-schlußströme auf ein Mindestmaß abgeschwächt werden.

Im letzteren Falle werden in der Praxis die Verhältnisse wohl oft so liegen, daß die Beschaffung neuer kurzschlußfester Strommesser, Leistungsmesser oder Zähler vorteilhafter ist als die Anschaffung ge-sättigter Zwischenwandler oder von Kurzschließerrelais (S. 51), zumal,

Abb. 42. Strommessung mit einem Dietze-Anleger.

wenn man bedenkt, daß solche Zwischenwandler durch Größe und Art ihrer Eigenbürde die Strom- und Winkelfehler der Hauptstromwandler unter Umständen ungünstig beeinflussen.

Dietze-Anleger. Der Dietze-Anleger[1] ist ein tragbarer Einleiter-stromwandler in Zangenform (Abb. 42...45), mit dem betriebsmäßige Messungen der Stromstärke von Anlageteilen durch Anlegen und ohne Abschalten der entsprechenden Leitungen vorgenommen werden können. Die lamellierten Backen der Zange, die durch Zusammendrücken der Handgriffe geöffnet werden, bilden den Eisenkern des Wandlers. Der von den Wandlerbacken zu umschließende Leiter des Prüflings stellt den Primärleiter dar (Abb. 42 u. 45). Die Sekundärwicklung ist auf dem Rückenschenkel des Eisenkernes angeordnet. An diese wird der Strommesser angeschlossen, der für Messungen über 100 A ein

---

[1] G. Dietze, ETZ 1902, S. 843.

Weicheisenmeßwerk und unter 100 A ein Drehspulmeßwerk mit eingebautem Trockengleichrichter besitzt. Leistungs- oder Phasenmesser können an den Anleger nicht angeschlossen werden, weil der Eisenkern

Abb. 43. Kleiner Dietze-Anleger mit getrenntem Strommesser
für Betriebsspannungen bis 750 V (H & B).

und mithin auch die Leistung aus Gewichtsgründen klein gehalten ist. Gegebenenfalls können diese Geräte mit den Anlegern zusammengeeicht werden.

Der Dietze-Anleger wird in verschiedenen Ausführungen hergestellt. Seine Auswahl richtet sich nach der Betriebsspannung (bis 20 kV)

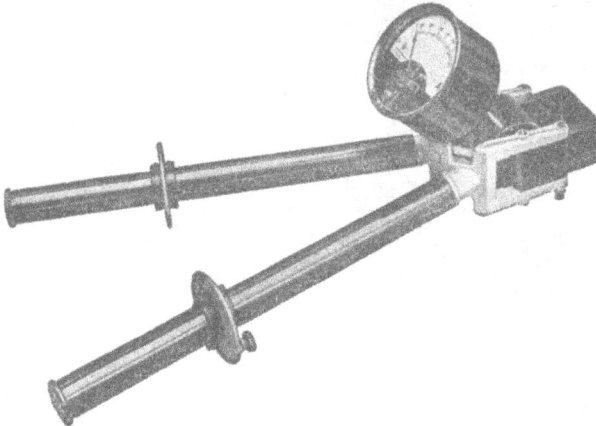

Abb. 44. Großer Dietze-Anleger für Betriebsspannungen bis 20 kV (H & B).

und nach der Größe der zu messenden Stromstärke. Der kleinste Meßbereich beträgt 0...3 A, der größte 0...1000 A.

Abb. 43 zeigt die Ausführung des Anlegers für Betriebsspannungen bis 750 V. Der umschaltbare Strommesser wird getrennt aufgestellt.

In Abb. 44 ist ein Anleger für 20 kV Betriebsspannung (64 kV Prüfspannung) dargestellt. Hier ist der Strommesser am Wandler befestigt
und steht somit während der Messung unter Betriebsspannung. Zur

Abb. 45. Dietze-Anleger mit getrenntem Schreibgerät (H & B).

Überwachung der Stromstärke von Leitungen kann der Anleger auch in
Verbindung mit Schreibgeräten erfolgreich benutzt werden (Abb. 45).

Der Anleger nach Dietze ist für den Betriebsmann ein willkom-
menes Hilfsgerät. Er ist vor allem für gelegentliche Messungen an
solchen Stellen wichtig, wo der feste Einbau von Stromwandlern und
Strommessern sich nicht lohnt, und wo für den geordneten Betrieb von
Fall zu Fall Kontrollmessungen erforderlich sind.

D. Meßtechnische Eigenschaften der Stromwandler.

Die Anforderungen, die an Stromwandler für Meß-, Zähl- und Relaiszwecke im Betrieb gestellt werden, wachsen von Jahr zu Jahr. Einerseits sollen die Wandler entsprechend den Netzverhältnissen kurzschlußfest sein, andererseits aber aus meß- und schutztechnischen Gründen auch bei sehr kleinen Nennstromstärken noch hohe Leistung und Meßgenauigkeit aufweisen. Das sind Forderungen, denen manchmal, besonders wenn sie gleichzeitig gestellt werden, nicht leicht entsprochen werden kann, und zwar weniger aus technischen, als vielmehr aus wirtschaftlichen Gründen.

Im folgenden soll in Anlehnung an die derzeitigen VDE-Wandlerregeln zunächst über die meßtechnischen Eigenschaften der Wandler, wie Genauigkeit, Leistung, Belastung, Überstromziffer u. dgl. näher berichtet und dem praktisch tätigen Ingenieur zweckdienliche Winke und Hinweise gegeben werden. Die Ausführungen über die Kurzschlußfestigkeit der Stromwandler folgen in den Kapiteln G und H.

1. Meßgenauigkeit und Klasseneinteilung.

Die VDE-Wandlerregeln (REW 1932) enthalten ausführliche Angaben über die Meßgenauigkeit der Stromwandler. Danach werden die Stromwandler im Hinblick auf die Größe der Stromfehler und Fehlwinkel in die Klassen 0,2; 0,5; 1; 3 und 10 eingeteilt. Die Zahlentafel II sowie die Abb. 46 u. 47 zeigen die Grenzen, innerhalb derer die Fehler bei den Wandlern der verschiedenen Klassen liegen müssen.

Zahlentafel II.
Fehlergrenzen von Stromwandlern.

Klassenziffer	Stromfehler in %			Fehlwinkel in Min		
	bei $1,0 \cdot I_n$	$0,2 \cdot I_n$	$0,1 \cdot I_n$	bei $1,0 \cdot I_n$	$0,2 \cdot I_n$	$0,1 \cdot I_n$
0,2	± 0,2	± 0,35	± 0,5	± 10	± 15	± 20
0,5	± 0,5	± 0,75	± 1	± 30	± 40	± 60
1	± 1	± 1,5	± 2	± 60	± 80	± 120
3	± 3	—	—	—	—	—
10	± 10	—	—	—	—	—

Bei den Stromwandlern der Klasse 0,2; 0,5 und 1 gelten die Fehlergrenzen für den Strombereich von 10...120% des Nennstromes und für Bürden zwischen $1/4$ und $4/4$ der auf dem Wandler angegebenen Nennbürde. Der Mindestwert der Bürde soll bei Wandlern mit 5 A sekundärem Nennstrom nicht kleiner als 0,15 Ohm, bei Wandlern mit 1 A sekundärem Nennstrom nicht kleiner als 1,5 Ohm sein. — Bei den Stromwandlern der Klassen 3 und 10 gelten die Stromfehlergrenzen für Bürden zwischen ½ und $4/4$ der Nennbürde bei einem Strombereich von ½...¹/₁ des Nennstromes. Für die Fehlwinkel sind bei Klasse 3 und 10 keine Grenzen gezogen.

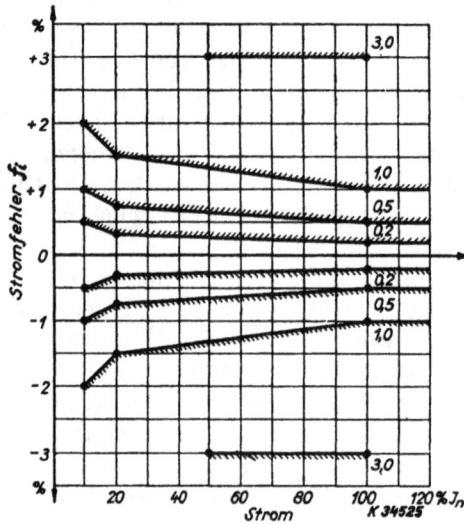

Abb. 46. Grenzen für Stromfehler bei den Stromwandlern
der Klassen 0,2, 0,5, 1,0 und 3.

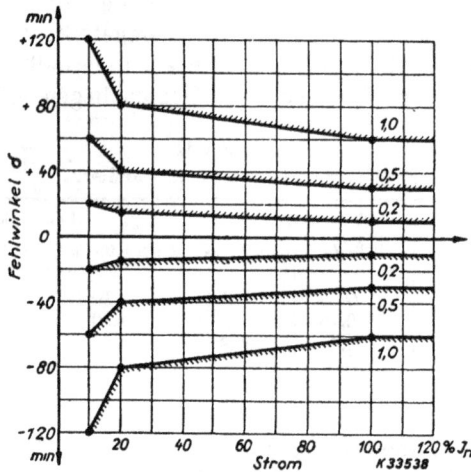

Abb. 47. Grenzen für Fehlwinkel bei den Stromwandlern
der Klassen 0,2, 0,5 und 1,0.

Der Leistungsfaktor der Bürde ist für alle Klassen mit $\cos \beta$ = 0,8 angenommen.

Die Festlegung, daß bei den Stromwandlern der Klassen 0,2; 0,5 und 1 die Fehlergrenzen nur zwischen ¼ und ⁴/₄ der Nennbürde eingehalten zu werden brauchen, wurde unter der Annahme getroffen, daß die Nutzbürde nur ganz selten unter dem Wert ¼ der Nennbürde liegen wird und daß viele Wandlerprüfeinrichtungen eine Prüfung im vollkommenen Kurzschluß gar nicht oder nur schwer gestatten.

Die Fehler werden bei gegebenen Wandlern in der Hauptsache durch Größe und Art der Bürde beeinflußt. Je größer die Bürde eines Wandlers ist, desto größer werden der Erregerstrom und mithin meistens auch die Fehler. Beim Unterschreiten des Mindestwertes der Bürde (¼ der Nennbürde) kann der Stromfehler innerhalb eines gewissen Strombereiches auch zu hohe Werte annehmen (Abb. 48), weil

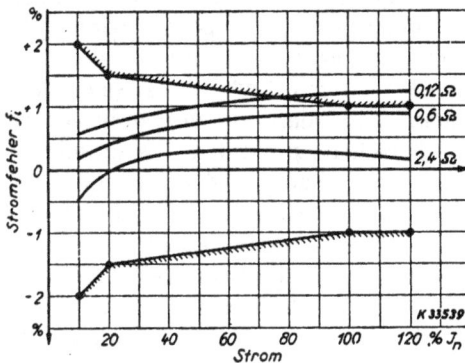

Abb. 48., Ungefährer Verlauf der Stromfehlerkurven eines Stromwandlers mit 5 A sekundärem Nennstrom, ausgelegt für eine Nennbürde von 2,4 Ohm in Klasse 1, bei verschiedenen Bürden. Die Bürde von 0,12 Ohm unterschreitet wesentlich den VDE-mäßigen Mindestwert von 0,6 Ohm, d. h. ein Viertel der Nennbürde. Die Stromfehler überschreiten bei dieser Bürde die zulässigen Klassengrenzen im Bereich von etwa 80 bis 120 % des Nennstromes. Durch zusätzliche Korrektur könnte der Wandler auch noch für 0,12 Ohm in die Klasse 1 gebracht werden.

gemäß den VDE-Regeln, wie vorstehend schon ausgeführt, die Klassengrenzen für Bürden unter ¼ der Nennbürde nicht eingehalten zu werden brauchen und folglich die Hersteller die Wandler für ganz kleine Bürden gewöhnlich schon aus Preisgründen nicht abgleichen. Ferner ist zu beachten, daß mit zunehmender Phasenverschiebung zwischen Sekundärstrom und Sekundärspannung (cos β) — d. h. beim Anwachsen der induktiven Belastung — gewöhnlich der Stromfehler größer, der Fehlwinkel dagegen kleiner wird und umgekehrt (vgl. a. die Abb. 2 u. 3).

Es besteht ein allgemeines Interesse, die Messungen im Betrieb, insbesondere mit Verrechnungszählern, möglichst genau durchzuführen. Stromwandler mit den Klassenzeichen 0,5 und 1 reichen an und für sich für die praktischen Bedürfnisse der Energieverrechnung aus, jedoch neigt man in letzter Zeit dazu, bei Verrechnung großer Arbeitsmengen, besonders bei schlechtem oder stark schwankendem cos φ des Hochspannungsnetzes, Wandler der Klasse 0,2 zu verwenden. Die maßgebenden Wandlerfirmen haben sich hierauf schon eingestellt und in ihre neuen Preislisten solche Wandler mit den entsprechenden Angaben aufgenommen. Die Preise für derartige Wandler sind unwesentlich höher als die der Klasse 0,5; allerdings beträgt dann ihre Nennleistung nur etwa $\frac{1}{3} \ldots \frac{1}{2}$ des Wertes der Klasse 0,5. Bei gleicher Nennleistung steigt der Preis der 0,2%-Wandler stark an, da meistens viel hochpermeables Eisen, z. B. Nickeleisen, verwendet werden muß, dessen Preis immer noch sehr hoch ist.

Den Betriebsmann interessiert es nun, unter welchen Umständen oder Bedingungen die Stromwandler am genauesten messen. Zunächst ist dafür zu sorgen, daß die Nennstromstärke der Wandler nicht zu hoch gewählt, sondern möglichst der tatsächlich größten Betriebsstromstärke des betreffenden Anlageteiles angepaßt wird. (Hierbei sei darauf aufmerksam gemacht, daß nach den VDE-Regeln die Wandler so bemessen sein müssen, daß sie mit 120% ihres Nennstromes dauernd belastet werden können, ohne daß die vorgeschriebenen Erwärmungs- und Fehlergrenzen überschritten werden.) Man soll es bei Wandlern, die für die Verrechnung von Energie oder auch für andere genaue Messungen verwendet werden, vermeiden, die Nennstromstärke wegen etwaiger Stromzunahme[1]) in späteren Jahren oder gar wegen der Kurzschlußsicherheit (stärkere Leiterquerschnitte) unnötig hoch zu wählen, denn bei Schwachlastbetrieb (nachts oder an Sonntagen) kann es dann sehr leicht vorkommen, daß die Stromstärke in den Leitungssträngen unter $^1/_{10}$ des Nennstromes sinkt und dadurch die Fehler wegen der geringen Anfangspermeabilität des gewöhnlichen Siliziumeisens unzulässig hohe Werte annehmen können. Allerdings ist die dabei zu messende Arbeitsmenge verhältnismäßig klein.

Die tatsächliche Bürde eines Stromwandlers soll die Größe der Nennbürde möglichst nicht stark unterschreiten. Schließt man nämlich an einen Wandler, ausgelegt für hohe Nennleistung bzw. Nennbürde, Geräte mit sehr kleinem Scheinwiderstand an, so kann es vorkommen, daß die Stromfehlergrenzen in einem gewissen Strombereich je nach der vorgenommenen Wandlerabgleichung überschritten werden (Abb. 48). Außerdem kann der Sekundärstrom bei hohem Kurzschlußstrom im Netz Werte annehmen, die die angeschlossenen Geräte und sogar die Sekundärwicklung des Wandlers gefährden. Es geht also nicht an, daß Wandler mit unnötig hoher Nennleistung in ein Netz eingebaut und dabei nur Bruchteile der Nennleistung benutzt werden; es sei denn, man baut in den Sekundärkreis der Wandler zusätzliche Widerstände ein (vgl. Abb. 59 und die Ausführungen auf S. 55 u. 66, die die gesamte Bürde auf einen angemessenen Wert heraufsetzen).

---

[1]) In diesem Falle können unter Umständen umschaltbare Wandler benutzt werden.

Der Charakter der Bürde hat, wie schon oben erwähnt, auf die Meßgenauigkeit insofern Einfluß, als mit wachsendem Bürdenwinkel β, d. h. mit dem Größerwerden der induktiven Belastung, der Stromfehler gewöhnlich größer und der Fehlwinkel kleiner werden[1]). Liegen z. B. bei einem Wandler mit irgendwelcher Bürde die Stromfehler bei günstigen Fehlwinkeln ungünstig, so dürfte die Vergrößerung der Bürde durch einen zusätzlichen Wirkwiderstand (z. B. Schiebewiderstand, schwächere Verbindungsleitungen usw.) unter Umständen eine Verbesserung bringen (Abb. 48). Sind dagegen die Stromfehler günstig und die Fehlwinkel knapp, so ist der Einbau eines Blindwiderstandes (Drosselspule) in den Sekundärkreis bzw. die Verstärkung der Zuleitungen von Vorteil.

Kurvenform. Die Kurvenform des Sekundärstromes eines Wandlers ist unter normalen Verhältnissen praktisch gleich der des Primärstromes. Anders liegen die Verhältnisse bei übermäßig großen Bürden und insbesondere bei hohen Kurzschlußströmen. Die Liniendichte je cm^2 nimmt dann stark zu und mithin auch der Erregerstrom, der dann stark verzerrt ist. Die Folge ist, daß die Kurvenform des Sekundärstromes eine gewisse Verzerrung erfährt. Der Einfluß der verzerrten Stromkurven auf die Meßergebnisse ist jedoch, wie Vergleichsmessungen und Erfahrungen zeigen, in der Betriebspraxis kaum von Belang, insbesondere auf dem Gebiet der Schutztechnik durch Relais.

2. Leistung.

Die Leistung eines Stromwandlers bestimmter Bauform und Klassengenauigkeit hängt im wesentlichen ab von der AW-Zahl, der Beschaffenheit des Kernmaterials, vom Querschnitt sowie von der mittleren Eisenweglänge des Kernes und schließlich von der Art der Magnetisierung, z. B. durch Kunstschaltungen.

Große AW-Zahl hat eine hohe Leistung zur Folge, und zwar steigt die Leistung etwa mit dem Quadrat der Amperewindungen. Hochpermeables Eisen liefert hohe Leistung bzw. Meßgenauigkeit; Nickeleisen ist daher leistungsfähiger als Siliziumeisen (das Verhältnis ist unter sonst gleichen Bedingungen etwa 3:1...10:1). Bei gleicher Beschaffenheit des Eisens und bei gleicher Form der Kernbleche wächst die Leistung proportional mit der Schichthöhe (Gewicht) des Kernes. Darüber hinaus lassen sich Leistung und Meßgenauigkeit durch Kunstschaltungen steigern. So kann nach dem Verfahren der Gegenmagnetisierung eine Leistungssteigerung um 50...100% erzielt werden.

Von den hier aufgeführten Mitteln können bei den Einleiterwandlern im Gegensatz zu den Mehrleiterwandlern nicht alle vier, sondern nur die letzten drei zur Steigerung der Leistung benutzt werden; denn die Einleiterwandler sind stets von vornherein an eine feste AW-

---

[1]) Auch hier haben die Abgleichverfahren einen gewissen Einfluß.

Zahl gebunden, die der Nennstromstärke zahlenmäßig gleich ist. Aus einem Stabstromwandler bestimmter Bauform mit dem Nennstrom 100/5 A kann z. B. die höchste Leistung in irgendeiner Klasse durch folgende Mittel gewonnen werden: man wählt Nickeleisen statt Siliziumeisen, schichtet den Kern so hoch, wie es der verfügbare Raum zuläßt und wendet schließlich evtl. noch eine Kunstschaltung an. Durch solche Maßnahmen lassen sich Einleiterwandler der heutigen Bauart mit ausreichender Leistung und Klassengenauigkeit für den Anschluß von Zählern, Meßgeräten und Relais bis zu dem Nennstrom 50/5 bzw. 50/1 A noch herstellen.

Das Nickeleisen wird vornehmlich bei Ein- und Mehrleiterwandlern mit kleinen Nennströmen (5...100 A) benutzt, und zwar bei den Einleiterwandlern zur Erzielung einer genügend hohen Leistung und Meßgenauigkeit, bei den Mehrleiterwandlern zur Erhöhung der dynamischen und thermischen Kurzschlußfestigkeit, indem die AW-Zahl vermindert und bei gleichem Wickelraum die Leiterquerschnitte verstärkt werden. Wandler mit hohen Nennströmen erhalten gewöhnlich Kerne aus dem wesentlich billigeren Siliziumeisen. Sind solche Kerne nicht ganz ausreichend, so können Mischkerne, bestehend aus Nickeleisen- und Siliziumeisenblechen, benutzt werden, deren Preis niedriger ist als der von reinen Nickeleisenkernen.

Frequenz. Die Leistung eines gegebenen Stromwandlers ist bei bestimmter Meßgenauigkeit ungefähr proportional der Frequenz des Stromes, da zwischen der EMK E_2 und der Frequenz f bei gleichbleibender Induktion B eine lineare Beziehung besteht, was aus der nachstehenden Gleichung deutlich hervorgeht

$$E_2 = 4{,}44 \cdot f \cdot w_2 \cdot q \cdot B_{max} \cdot 10^{-8} \text{ Volt.}$$

Eine Erhöhung von B ist nicht zulässig, da sonst die Strom- und Winkelfehler außerhalb der zulässigen Grenzen fallen. Ein Wandler, der 45 VA in Klasse 1 bei 50 Hz abgeben kann, darf daher, wenn die gleiche Genauigkeit verlangt wird, nur mit etwa 15 VA bei $16^2/_3$ Hz belastet werden. Wollte man aus dem gegebenen Wandlermodell bei $16^2/_3$ Hz ebenfalls 45 VA in Klasse 1 herausholen, so müßte der Eisenquerschnitt q mindestens verdreifacht werden oder gegebenenfalls ein Eisen mit wesentlich höherer magnetischer Leitfähigkeit genommen werden. In der Praxis greift man in derartigen Fällen gewöhnlich zu einer leistungsfähigeren Wandlertype.

3. Belastung. Nenn- und Auslösebürde.

Die Belastung der Stromwandler durch Zähler, Meßinstrumente, Relais u. dgl. sowie durch die Zuleitungen wird in der Praxis teils als Bürde in Ohm, teils aber als Leistung in VA (Leistungsaufnahme, »Verbrauch«) der Geräte angegeben. Sie hat in der Regel induktiven Charakter (cos $\beta = 0,4...0,8$), da die genannten Geräte zum Verstärken des Drehmomentes fast ausnahmslos Eisen enthalten.

Zur Kennzeichnung der Leistungsfähigkeit der Stromwandler sind in den VDE-Regeln die Begriffe Nennbürde und Nennleistung angeführt. Danach gilt als Nennbürde die auf dem Wandlerschild angegebene Bürde, bei der die Fehlergrenzen der jeweiligen Klasse nicht überschritten werden. Genormte Nennbürden für den sekundären Nennstrom von 5 A sind 0,2; 0,6 und 1,2 Ohm, entsprechend den Nennleistungen 5, 15 und 30 VA. Nennleistung ist das Produkt aus dem Quadrat des sekundären Nennstromes und der Nennbürde.

Als Richtwert für die erforderliche Leistung der Stromwandler zur Auslösung der Leistungsschalter durch Sekundärrelais mittels Wandlerstrom[1]) ist in den VDE-Regeln (REW 1932) der Begriff Auslösebürde eingeführt worden. Es heißt dort: Auslösebürde ist die bei Stromwandlerauslösung kurzzeitig anschließbare Bürde, bei der bei Nennstrom ohne Rücksicht auf den Fehlwinkel der Stromfehler 10% ist, wenn ihr Leistungsfaktor cos $\beta = 0,6$ beträgt.

Die tatsächliche Belastung bzw. Bürde eines Stromwandlers ermittelt man entweder rechnerisch an Hand von ein- oder mehrpoligen Schaltbildern (vgl. Abb. 59 u. 60) durch Addition[2]) der Leistungsaufnahmen der Geräte und Zuleitungen oder an Hand einer Strom- und Spannungsmessung. Im letzteren Falle wird der Sekundärkreis mit dem Nennstrom beschickt und dabei die Klemmenspannung gemessen[3]). Das Produkt aus dem Nennstrom und der gemessenen Klemmenspannung gibt die Belastung in VA an. Der entsprechende Bürdenwert ergibt sich aus der Division der gemessenen Klemmenspannung durch den Nennstrom. Die Bürde kann auch unmittelbar durch einen Bürdenmesser ermittelt werden (Abb. 154 u. 155).

4. Überstromziffer.

Bei Kurzschlußströmen kann die Induktion im Wandler, wie schon auf S. 14 ausgeführt, vom normalen Wert, einigen hundert oder tausend Gauß, bis auf etwa 20000 Gauß anwachsen. Da nun der Erregerstrom bei Stromwandlern vom Primärstrom gedeckt wird, so folgt der Sekundärstrom dem Primärstrom nicht bis zu den größten Überströmen proportional, sondern er bleibt im Sättigungsbereich des Kernes gegen-

---

[1]) Vgl. a. M. Walter, Gleich- und Wandlerstromauslösung, AEG-Mitt. 1934, S. 141. — M. Walter, Der Selektivschutz nach dem Widerstandsprinzip, R. Oldenbourg 1933, S. 119.

[2]) Eigentlich müßte eine vektorielle Addition vorgenommen werden, da die Leistungsfaktoren der Summanden verschieden groß sind.

[3]) Bei verketteten Schaltungen (Abb. 60...64) muß auf die Auseinanderhaltung der Teilkreise geachtet werden.

über seinem Sollwert allmählich stärker zurück (Abb. 4). Die Stromfehler[1]) werden also im Sättigungsgebiet der Wandler sehr groß. Dieses Verhalten der Überstromkennlinie wird in den VDE-Regeln durch den Begriff Überstromziffer wie folgt gekennzeichnet: Überstromziffer n ist bei Stromwandlern das Vielfache des Primärnennstromes, bei dem bei Nennbürde ohne Rücksicht auf den Leistungsfaktor der Stromfehler 10% beträgt.

Aus Abb. 49 geht der grundsätzliche Verlauf der Überstromkennlinien eines Stromwandlers bei Bürden, die nach Größe und Phasenwinkel verschieden sind, deutlich hervor. Man sieht daraus, daß der Sekundärstrom nur bis zu einem bestimmten Wert proportional zum Primärstrom anwächst, daß danach aber die einzelnen Kennlinien abbiegen und sich Grenzwerten nähern.

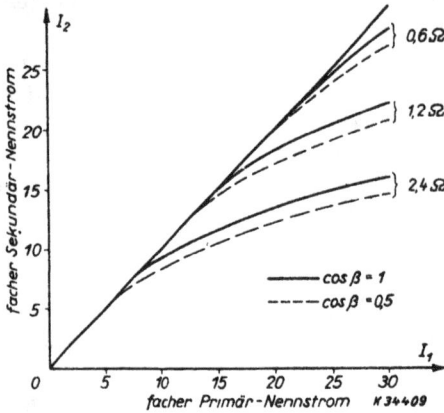

Abb. 49. Verlauf der Überstromkennlinien eines Wandlers bei verschiedenen Bürden.

Der Verlauf der Überstromkennlinien ist bei einem gegebenen Stromwandler im wesentlichen abhängig von der Größe der angeschlossenen Bürde, von der Liniendichte im Eisenkern bei Nennstrom (Nenninduktion) und schließlich in etwas geringerem Maße vom Leistungsfaktor der Bürde. Je größer die Bürde oder ihr Phasenwinkel β ist, desto früher fällt die Überstromkennlinie von der Sollkennlinie ab. Die gleiche Wirkung ergibt sich, wenn man die Nenninduktion des Wandlers hoch wählt, weil damit bei Überströmen eine frühere Eisensättigung verbunden ist.

Die Überstromziffer n ändert sich bei einem gegebenen Wandler näherungsweise umgekehrt proportional zur Größe der angeschlossenen Bürde (Abb. 49). Hat z. B. ein Stromwandler bei Belastung mit der Nennbürde von 1,2 Ohm eine Überstromziffer $n = 20$ und wird er mit einer Bürde von nur 0,6 Ohm belastet, so steigt die Überstromziffer annähernd auf den doppelten Wert, d. h. auf $n = 40$. Hat jedoch die tatsächliche Bürde einen Wert von 2,4 Ohm statt 1,2 Ohm, so geht die Überstromziffer etwa um die Hälfte zurück, d. h. von $n = 20$ auf $n = 10$.

Hohe Überstromziffern der Wandler ($n = 10...30$) sind erforderlich für Distanzrelais, abhängige bzw. begrenzt abhängige Überstromzeit-

---

[1]) Die Ausführungen über die Änderung des **Fehlwinkels** in Abhängigkeit von der Stromstärke s. auf S. 52.

relais, Stufen-Überstromzeitrelais und gegebenenfalls für Differential-
relais, damit ihnen für die richtige Arbeitsweise bei Kurzschluß die
Netzströme auf der Sekundärseite möglichst verhältnisgleich zugeführt
werden. Diese Relais erfordern grundsätzlich Wandlerkerne aus Siliziumeisen (s. S. 19). Für Meßgeräte, Zähler, unabhängige Überstromzeitrelais und Erdschlußrelais sind dagegen kleine Überstromziffern
($n \approx 4$) am Platze bzw. zulässig; denn man wünscht gar nicht, daß sie
jeden Überstrom getreu erfassen oder mitmachen, zumal einige davon
sehr hohe Überströme schlecht vertragen. Hier sind Wandlerkerne aus
Nickeleisenlegierungen oft von Vorteil.

Die VDE-Definition der Überstromziffer setzt voraus, daß die
Bürde bei allen Strömen, auch bei den größten, konstant bleibt. Im
praktischen Fall nimmt die Bürde bei großen Strömen jedoch ab. Hierdurch erhalten die Wandler eine beträchtliche Sicherheit insofern, als
sie den 10proz. Stromfehler im Kurzschlußfall erst bei viel größeren
Strömen aufweisen. Die Ursache hierfür liegt darin, daß die Schutzrelais
(auch die Meßgeräte und Zähler) zur Erzielung großer Kräfte gewöhnlich
Eisenkerne haben. Das Vorhandensein von Eisen hat aber zur Folge,
daß der Blind- und damit auch der Scheinwiderstand der Geräte mit
wachsender Stromstärke immer kleiner wird und sich bei der Eisensättigung einem Grenzwert nähert. Diese Verminderung der Eigenimpedanz der Geräte ist bedingt durch das Kleinerwerden der magnetischen Leitfähigkeit μ (Permeabilität) des Eisens und mithin der Induktivität, was aus der nachstehenden bekannten Beziehung

$$L = \frac{4\,\pi}{10} \cdot \frac{w^2}{\mathfrak{R}} \cdot 10^{-8} = \frac{4\,\pi}{10} \cdot \frac{w^2}{\dfrac{l}{\mu \cdot q}} \cdot 10^{-8} = \frac{4\,\pi w^2 \mu q \cdot 10^{-9}}{l} \quad \ldots \quad (9)$$

deutlich hervorgeht. In ihr bedeuten:

    L die Induktivität in H,

    w die Windungszahl,

    $\mathfrak{R}$ den magnetischen Widerstand in $\dfrac{1}{\varOmega\,s}$,

    l die mittlere Kraftlinienlänge in cm,

    q den wirksamen Eisenquerschnitt in cm²,

    μ die Permeabilität in $\dfrac{H}{cm} = \dfrac{\varOmega\,s}{cm}$.

Die Gl. (9) besagt ganz allgemein, daß bei einer Spule mit Eisenkern die Induktivität L proportional der Permeabilität μ ist. Die Permeabilität μ kann aber ihrerseits bei steigender Induktion, d. h. bei
Überströmen, bekanntlich sehr klein werden und mithin auch die Induktivität L.

In Abb. 50 sind die Scheinwiderstände z_2 eines Relais bzw. Relaisgliedes mit ihren Komponenten $z_2 \cdot \sin \beta$ und $z_2 \cdot \cos \beta$ sowie die zugehörigen Bürdenwinkel β bei 5 und 50 A zeichnerisch dargestellt. Wenn

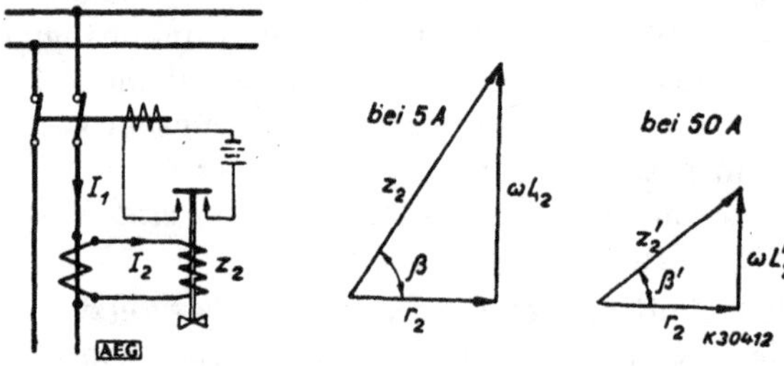

Abb. 50. Schaltbild eines Relais mit Widerstandsdiagrammen für 5 und 50 A.

man von der geringen Erhöhung des Wirkwiderstandes r_2 infolge Erwärmung absieht, so ändert sich z_2 in z'_2 lediglich durch das Kleinerwerden von L. Der Bürdenwinkel wird dabei ebenfalls kleiner ($\beta' < \beta$).

Die Abb. 51, 52, 53 u. 54 zeigen den Spannungsabfall U_2, den Scheinwiderstand z_2 und den $\cos \beta$ charakteristischer Relaistypen

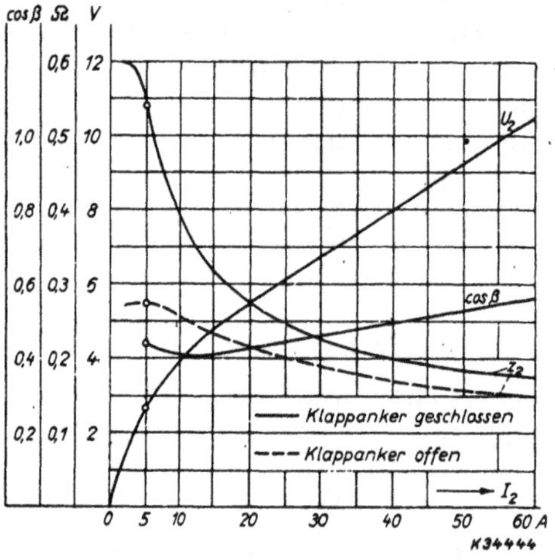

Abb. 51. Kennlinien eines elektromagnetischen Relais:
$z_2 = f(I_2)$, $\cos \beta = f(I_2)$ und $U_2 = f(I_2)$.

in Abhängigkeit von der Stromstärke. Auch aus ihnen geht deutlich hervor, daß z_2 und β mit wachsender Stromstärke abnehmen ($\cos \beta$ nimmt dagegen zu).

In vielen Fällen der Praxis dürfte es, wie aus den vorstehenden Ausführungen hervorgeht, empfehlenswert sein, der Ermittlung bzw. Festlegung der Überstromziffer eines Stromwandlers diejenige Bürde zu-

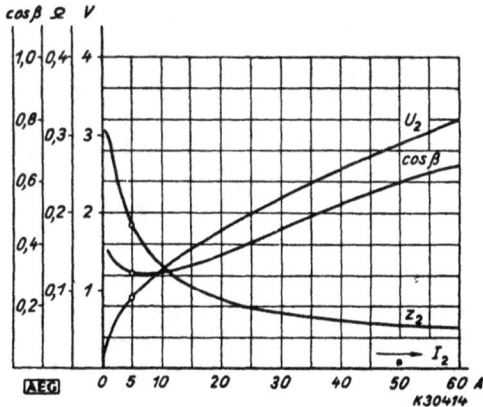

Abb. 52. Kennlinien eines Induktionsrelais mit Ferrarischeibe:
$z_2 = f(I_2)$, $\cos \beta = f(I_2)$ und $U_2 = f(I_2)$.

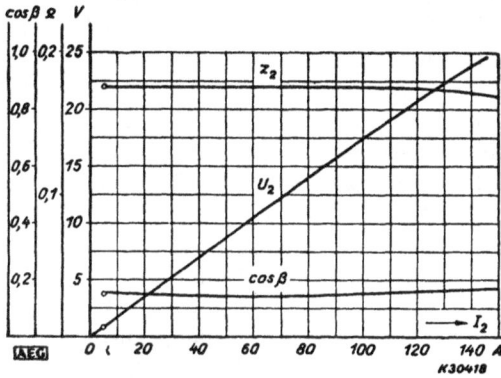

Abb. 53. Kennlinien eines eisengeschlossenen elektrodynamischen
Relais: $z_2 = f(I_2)$, $\cos \beta = f(I_2)$ und $U_2 = f(I_2)$.

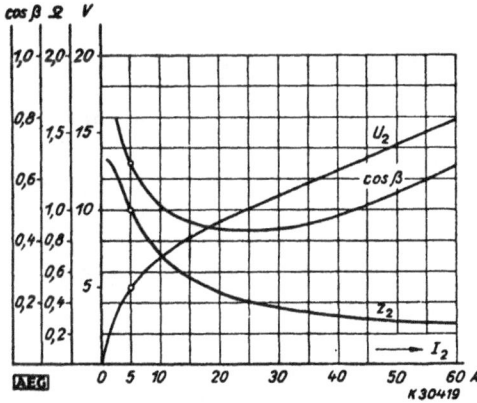

Abb. 54. Kennlinien eines Sättigungswandlers mit Bimetallstreifen (thermisches Relais):
$z_2 = f(I_2)$, $\cos \beta = f(I_2)$ und $U_2 = f(I_2)$.
Der Sättigungswandler ($ü = 50/7$) mit angeschlossenem Bimetallstreifen gilt als Bürde (N-Relais).

Walter, Wandler. 4

grunde zu legen, die die angeschlossenen Geräte einschließlich Zuleitungen bei der der Überstromziffer entsprechenden Stromstärke, z. B. beim 15- oder 20fachen Nennstrom, tatsächlich aufweisen.

Wird die Bürde für die verlangte Überstromziffer grundsätzlich auf 5 A bezogen und für alle weiteren Stromstärken als konstant vorausgesetzt, so ergibt sich, wie bereits erwähnt, in vielen Fällen eine allzureichliche Überstromziffer, d. h. eine unausgenutzte Sicherheit. Die Wandler fallen dadurch wegen des oft erforderlichen Mehraufwandes teurer aus.

Beispiel. Ein listenmäßiger Stromwandler, ausgelegt für eine Nennbürde 1,2 Ω in Klasse 1, habe eine Überstromziffer $n = 15$. Verlangt wird jedoch für eine bestimmte Distanzschutzanlage $n = 20$. Um die gestellte Bedingung erfüllen zu können, muß entweder der normale Wandler mit mehr Eisen versehen[1]) oder es muß ein stärkeres Wandlermodell genommen werden. Dadurch ergibt sich unter allen Umständen ein Mehrpreis. In Wirklichkeit hat aber das Relais einschließlich Zuleitung beim 20fachen Nennstrom nur noch einen Eigenwiderstand von 0,6 Ω statt 1,2 Ω bei Nennstrom. Die Überstromziffer springt dadurch beim verstärkten Modell auf $n = 40$, beim normalen auf etwa $n = 30$. Das Beispiel besagt, daß der normale Wandler hier bei weitem ausreicht und daß in vielen solchen Fällen bei richtiger Überlegung große Ersparnisse erzielt werden können.

Bessere Unterlagen ergeben sich, wenn die Relais an die betreffenden Stromwandler angeschlossen und die tatsächlichen Überstromkennlinien mittels einer primären Relaisprüfeinrichtung großer Leistung festgestellt werden (s. a. S. 144).

A Amperemeter, D Distanzrelais, R Kurzschließerrelais, W Wattmeter, Z Zähler

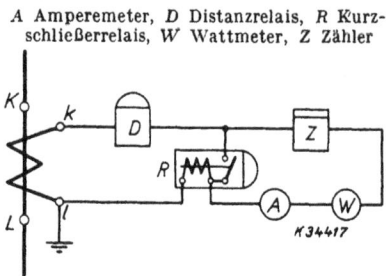

Abb. 55. Schaltanordnung eines Kurzschließerrelais.

Wenn außer dem Schutzrelais an den gleichen Kern eines Stromwandlers noch andere Geräte angeschlossen sind und dadurch die erforderliche Überstromziffer nicht erreicht werden kann, so empfiehlt es sich — wie in Abb. 55 angedeutet — die übrigen Meßgeräte im Kurzschlußfalle durch Kurzschließerrelais mit kleiner Eigenzeit (Ansprechzeit) zu überbrücken. Mit dieser Maßnahme werden auch gleichzeitig die Meßgeräte während der Kurzschlußdauer geschont.

In Abb. 56a ist ein solches Kurzschließerrelais dargestellt, das im wesentlichen aus einem Klappanker-Magnetsystem und einem kräftigen Bürstenkontakt mit Silbervorkontakt besteht. Seine Stromspule

---

[1]) Falls der verfügbare Raum dies zuläßt.

besitzt eine geringe AW-Zahl und dicken Kupferdraht, so daß der Widerstand des Relais, je nachdem für welche Stromstärke es ausgelegt wird, sehr klein ausfällt. Die Eigenzeit dieses Relais ist in Abb. 57

Abb. 56 a. Kurzschließerrelais
mit Klappanker (AEG).

Abb. 56 b. Kurzschließerrelais
mit Tauchanker (S & H).

als Funktion des Sekundärstromes aufgetragen. Abb. 56b zeigt ein Kurzschließerrelais mit Tauchanker-Magnetsystem.

Die absolute Höhe der Überstromziffer muß selbstverständlich in Einklang stehen mit denjenigen Stromstärken, bei denen die Schutz-relais selbst die erforderlichen Meßwerte I_2, z_2, $z_2 \sin \varphi$ oder $z_2 \cos \varphi$ noch richtig erfassen. Wenn z. B. ein begrenzt abhän-giges Überstromzeitrelais schon beim 8fachen Nennstrom voll gesättigt ist, dann wäre es ab-wegig, wenn man für die dazu-gehörigen Stromwandler eine Überstromziffer $n = 20$ verlan-gen würde. Andererseits muß man im Auge behalten, daß es Distanz-, Differential- und Über-

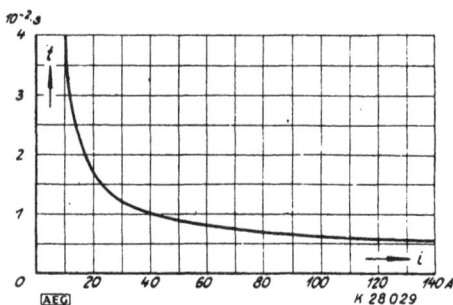

Abb. 57. Eigenzeiten $t = f(I_2)$ des Kurzschließer-relais nach Abb. 56 a.

stromzeitrelais gibt, die erst beim 30fachen Nennstrom die Sättigungs-grenze im Strompfad erreichen und bis zu dieser Stromstärke die er-forderliche Feststellung bzw. den richtigen Vergleich der Meßgröße für die gewünschte Zeitauslösung noch gewährleisten.

5. Eigenschaften der Stromwandler für Schutzrelais.

Bei den meisten Schutzrelais interessiert im Gegensatz zu den Meßgeräten und Zählern das Verhalten der Stromwandler eigentlich

4*

erst bei Stromstärken, die über dem Nennstrom liegen. Die Bedingungen für die Stromfehler und Fehlwinkel sind im Überstrombereich natürlich wesentlich milder als im Gebiet, das unter dem Nennstrom liegt.

Für die Schutzrelais genügen im allgemeinen Stromwandler der Genauigkeitsklasse 3, ausgelegt bei 50 Hz für eine Nennbürde von 1,2 Ω entsprechend einer Leistungsabgabe von 30 VA bei 5 A. Man zieht jedoch in der Praxis vielfach die Wandler der Klasse 1 mit gleicher Leistungsabgabe vor, um erforderlichenfalls auch Erdschlußrichtungsrelais, Meßgeräte und Betriebszähler anschließen zu können.

Bei Distanzrelais, abhängigen bzw. begrenzt abhängigen Überstromzeitrelais, Stufen-Überstromzeitrelais u. dgl. müssen die Stromwandler je nach der Netzgestalt und den Netzverhältnissen eine einheitliche lineare Überstromkennlinie bis zum 10...20fachen Wert des Nennstromes aufweisen, damit den hintereinanderliegenden Relais bei Kurzschluß die Netzströme auf der Sekundärseite der Größe nach möglichst getreu zugeführt und dadurch die richtigen Auslösezeiten erzielt werden. Abweichungen von der Sollkennlinie sind dabei höchstens bis zu 5% zulässig (Distanzschutz!). Im Sättigungsgebiet der Wandler dürfen Überstromkennlinien untereinander um etwa 10% abweichen.

Die im vorstehenden Abschnitt 4 ausführlich besprochene Überstromziffer n ist für die Beurteilung der Stromwandler bezüglich ihrer Brauchbarkeit für Schutzrelais von großer Bedeutung. Sie gibt den 10proz. Stromfehler bei Überströmen (im Sättigungsgebiet der Wandlereisenkerne!) an und liefert somit einen ungefähren Anhaltspunkt dafür, wie weit der Sekundärstrom proportional folgt. Im Abschnitt 4 auf S. 46...49 sind außerdem einige wichtige Aussagen über die erforderlichen Eigenschaften der Stromwandler für den Anschluß von Schutzrelais gemacht.

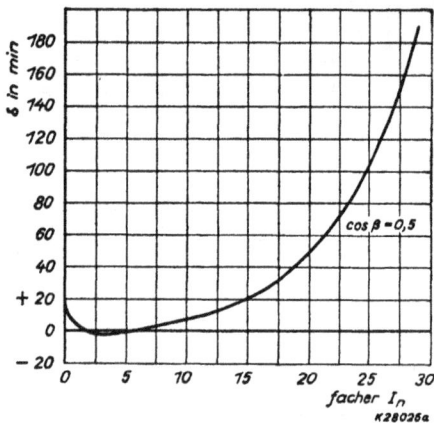

Abb. 58. Verlauf der Fehlwinkelkennlinie eines Stromwandlers bei konstanter Bürde und konstantem cos β.

Abb. 58 zeigt die Änderung des Fehlwinkels eines Stromwandlers in Abhängigkeit von der Stromstärke bei konstantem Phasenwinkel der Bürde. Der Fehlwinkel δ bleibt im allgemeinen bei den Stromwandlern mit einer Nenn-Amperewindungszahl über 500 AW auch bei sehr hohen Kurzschlußströmen, z. B. beim 20...30fachen Nennstrom, in Grenzen, die für Leistungsrichtungsrelais und für phasenwinkelabhängige Distanzrelais immer noch annehmbar sind, etwa unter ±5°. Unzulässig groß sind dagegen oft die Fehlwinkel bei Einleiter-Stromwandlern älterer Bauart mit einer Nenn-Amperewindungszahl unter 200 AW. Hier können die Fehlwinkel nicht nur bei sehr großen, sondern auch bei sehr kleinen Strömen Werte bis zu 20° annehmen, wodurch die Ablaufzeit der genannten Distanzrelais unliebsam verändert und die Wirksamkeit ihrer Richtungsglieder mitunter beeinträchtigt wird. Bei den Einleiter-Stromwandlern, die in den letzten Jahren auf den Markt kamen, sind diese Mängel in weitem Maße beseitigt worden.

Der Fehlwinkel der Stromwandler ist selbst bei stark induktivem Charakter der Bürde (cos $\beta \geq 0,5$) fast immer positiv, zumindest im Überstrombereich, d. h. bei Sekundärströmen über 5 A. Dieser Umstand hat zur Folge, daß in den Richtungsgliedern der Distanzrelais oder auch in selbständigen Leistungsrichtungsrelais selbst bei rein induktivem Kurzschlußstrom noch ein ausreichendes Drehmoment zustande kommt[1]).

Bei Verwendung reiner Reaktanzrelais sind größere Stromwandlerfehlwinkel besonders unerwünscht, weil der Fehlwinkel δ sich zu dem primären Kurzschlußphasenwinkel φ des kranken Anlageteiles addiert und dadurch dem Reaktanzablaufglied einen größeren Reaktanzmeßwert vortäuscht, wodurch die Relaisablaufzeit erhöht wird. Da jedoch Reaktanzrelais nur in Höchstspannungs-Freileitungsnetzen vorkommen, in denen gewöhnlich Kurzschlußströme nur in der Größenordnung von etwa 0,5...12 I_n auftreten, braucht der Fehlwinkel lediglich innerhalb dieser Stromgrenzen berücksichtigt zu werden.

Die Wandlerkerne für Schutzrelais werden heute aus gewöhnlichem hochlegiertem Siliziumeisen hergestellt. Nickeleisenkerne sind für den Anschluß der meisten Schutzrelais ungeeignet, weil sie bei Strömen über dem Nennstrom entsprechend ihrer Permeabilitätskurve im allgemeinen frühzeitig gesättigt werden.

An »Relais«-Stromwandler können, wie schon oben erwähnt, außer den Relais auch Meßgeräte und Zähler angeschlossen werden, sofern die Wandler die erforderliche Leistung in der betreffenden Klasse aufbringen und die Meßgeräte für die vorliegenden Verhältnisse kurzschlußfest gebaut sind; andernfalls muß man für die Meßgeräte entweder besondere Meßkerne oder besondere Zwischenwandler oder überhaupt andere geeignete Meßwandler vorsehen. Gegebenenfalls können die gefährdeten Meßgeräte und Zähler beim Eintritt eines Kurzschlusses durch Kurzschließerrelais unverzögert überbrückt (Abb. 55 u. 56) oder durch Zwischenwandler geschützt werden (s. S. 35).

Erdschlußrichtungsrelais in cos φ- oder sin φ-Schaltung arbeiten wiederum mit kleinen Strömen, d. h. unter 5 A. Hier müssen die Stromfehler und Fehlwinkel bei einem Satz Stromwandler übereinstimmen und gegebenenfalls untereinander genau abgeglichen werden.

---

[1]) M. Walter, Über die Richtungsglieder der Distanzrelais, ETZ 1932, S. 476.

Diese Forderung gilt sowohl für die Erdschlußrichtungsrelais, die zur Anzeige des vom Erdschluß betroffenen Anlageteiles in solchen Netzen dienen, die mit Erdschlußlöscheinrichtungen ausgerüstet sind, als auch für Erdschlußrelais zur Überwachung der Stromerzeuger (s. S. 61). Die Erdschlußrelais werden an gesonderte Kerne (Abb. 60) oder in den Sternpunktleiter (Abb. 61) geschaltet und erfordern bei Auslegung für gesteigerte Empfindlichkeit, insbesondere zum Schutze der Generatoren, oft Wandlerkerne aus Nickeleisen.

6. Nutzanwendungen.

Zur Vervollständigung der vorstehenden Ausführungen sei schließlich ein **Beispiel aus der Praxis** angeführt:

An einen Wandlersatz, bestehend aus drei Stromwandlern für 300/5 A Nennstrom, sollen Betriebszähler, Meßgeräte, Distanzrelais und Erdschlußrichtungsrelais angeschlossen werden. Die Wandler sollen dabei einen Dauerkurzschlußstrom von 25000 A 4 s lang vertragen können. Ferner wird verlangt, daß der Sekundärstrom in den Meß-

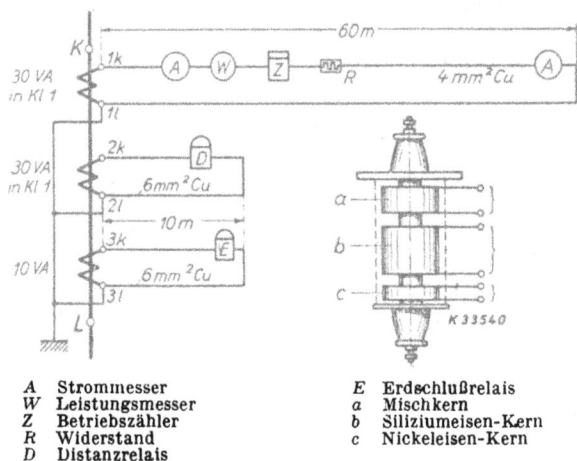

A	Strommesser	E	Erdschlußrelais
W	Leistungsmesser	a	Mischkern
Z	Betriebszähler	b	Siliziumeisen-Kern
R	Widerstand	c	Nickeleisen-Kern
D	Distanzrelais		

Abb. 59. Grundschaltbild und Skizze eines Stabwandlers mit drei getrennten Kernen und Wicklungen zum Anschluß von Meßinstrumenten, Betriebszählern und Schutzrelais (s. a. Abb. 60).

geräten und Zählern aus irgendwelchen Gründen 40 A möglichst nicht übersteigt, daß die Überstromziffer der Wandler für die Distanzrelais bei 1,2 Ω Bürde $n = 10$ beträgt und daß der Falschstrom (S. 61) des Wandlersatzes für das Erdschlußrelais in cos φ-Schaltung den Wert von 0,05 A nicht überschreitet[1].

---

[1] In manchen Fällen, z. B. beim Generatorschutz, wird ein Falschstrom von nur 0,0025 A zugelassen.

Den gestellten Bedingungen wird am einfachsten dadurch entsprochen, daß Einleiterwandler mit ausreichenden Leiterquerschnitten ($F = 280$ mm² Cu) gewählt werden und diese je drei getrennte Kerne und Wicklungen erhalten (Abb. 59 u. 60). Mit zwei Kernen je Wandler

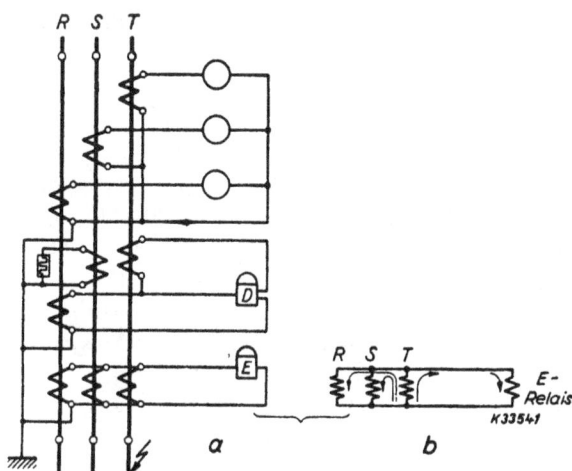

a Grundschaltbild; *b* Ersatzschaltbild mit Stromverteilung bei Erdschluß im Leiter *T*
Abb. 60. Grundschaltbild eines Wandlersatzes, bestehend aus drei Stromwandlern
mit angeschlossenen Meßinstrumenten und Schutzrelais.

könnte man zur Not auch auskommen; die sehr kleinen Falschströme, die bei der Speisung der Erdschlußrelais gerade noch zulässig sind, stehen jedoch hinderlich im Wege.

Im einzelnen ist über die d r e i K e r n e folgendes zu sagen:

a) Der »Meßkern« des Wandlers, beispielsweise ausgeführt als Mischkern für eine Nennleistung von 30 VA in Klasse 1, wird zum Kleinhalten der Überströme im Sekundärkreis ($n = 4...6$) zusätzlich durch einen kleinen Widerstand (R) belastet (Abb. 59), so daß die Nennbürde von 1,2 Ω etwa erreicht wird. Der Widerstand kann später, wenn noch andere Meßgeräte an den Kern angeschlossen werden, wieder entfernt werden.

b) Der »Relaiskern« des Wandlers für den Anschluß eines Distanzrelais erhält Kernbleche aus S i l i z i u m e i s e n. Er wird ebenfalls für eine Nennleistung von 30 VA in Klasse 1 ausgelegt, jedoch für eine Überstromziffer $n = 10$. Da der Widerstand des Distanzrelais mit zunehmendem Überstrom stark abnimmt, z. B. von 1,2...0,6 Ω, so tritt der 10proz. Stromfehler tatsächlich erst etwa beim 20fachen Nennstrom auf.

c) Der dritte Kern, also der Kern für den Anschluß des Erdschlußrichtungsrelais, erhält nur N i c k e l e i s e n, um einerseits den

Falschstrom klein zu halten, andererseits aber bei Erdschluß die Wattrestströme des Netzes dem Erdschlußrelais möglichst in ihrer vollen Größe zuzuführen. Kerne aus Nickeleisen haben eine sehr hohe Eigenimpedanz und verhindern dadurch, daß größere Teilströme über die Wicklungen der Kerne der vom Erdschluß nicht betroffenen Leiter abfließen (vgl. Abb. 60b).

E. Außenschaltungen der Stromwandler.

Die Stromwandler werden, wie aus den bisherigen Darstellungen hervorgeht, gewöhnlich nur einpolig ausgeführt. Sie können dabei allerdings mehrere Sekundärwicklungen besitzen (Abb. 59). Zwei- und dreipolige Stromwandler stellt man nur vereinzelt her.

In Drehstromnetzen benutzt man für Meß- und Schutzzwecke in der Regel zwei oder drei Wandler gleichen Übersetzungsverhältnisses in fester Zusammenschaltung. Je nach der Art der zur Anwendung gelangenden Schaltung erhält man verschiedene charakteristische Meßgrößen.

Die Anzahl und Mannigfaltigkeit der Schaltungen der Praxis ist sehr groß, insbesondere auf dem Gebiete der Schutzrelais[1]). Im folgenden sollen nur einige wichtige Grundschaltungen kurz besprochen werden.

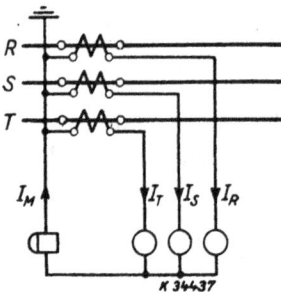

Abb. 61. Sternschaltung (Dreiwandlerschaltung).

1. Sternschaltung.

Die Sekundärwicklungen sind hier gleichsinnig parallel geschaltet. Sie führen bei der Dreiwandlerschaltung (Abb. 61) im ungestörten, gegen Erde symmetrischen Betrieb und bei Annahme eines Übersetzungsverhältnisses der Wandler von $ü = 5/5$ drei den primären Leiterströmen I_R, I_S, I_T gleiche Ströme. Die Verbindung zwischen dem Sternpunkt der angeschlossenen Bürden und dem Sternpunkt der Sekundärwicklungen (Sternpunktleiter oder Summenstromleiter) ist dabei stromlos; denn die drei Sekundärströme ergänzen sich im Sternpunkt der drei Leiter zu Null:

$$I_R \stackrel{\frown}{+} I_S \stackrel{\frown}{+} I_T = 0 \ldots \ldots \ldots \ldots (10)$$

Bei Erdschluß oder bei sonstigen kapazitiven Unsymmetrien des Drehstromnetzes gegen Erde hebt sich dagegen das Gleichgewicht nach

---

[1]) M. Walter, Der Selektivschutz nach dem Widerstandsprinzip, R. Oldenbourg, München 1933, S. 95...118; M. Schleicher, Moderne Selektivschutztechnik und die Methoden zur Fehlerortung in Hochspannungsanlagen, J. Springer, Berlin 1936, S. 246...331.

Gl. (10) auf, weil dabei ein Strom in der Erde und mithin auch im Sternpunktleiter fließt. Für diesen Unsymmetriestrom (Sternpunktleiter-
Strom) I_v gilt dann die Beziehung:

$$I_R \mathbin{\widehat{+}} I_s \mathbin{\widehat{+}} I_T = - I_M. \quad \ldots \ldots \ldots \ldots \quad (11)$$

Bei der Zweiwandlerschaltung (Abb. 62) fließt in der Rückleitung auch im störungsfreien Betrieb ein Strom, der der vektoriellen
Summe der Ströme, die von den beiden Wandlern geliefert werden,
gleich ist.

Diese drei- und zweipoligen Schaltungen finden hauptsächlich Anwendung für Strom-, Leistungs- und Arbeitsmessungen (vgl. a. die

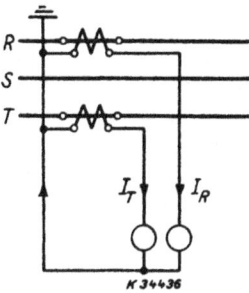

Abb. 62. Sternschaltung (Zweiwandlerschaltung).

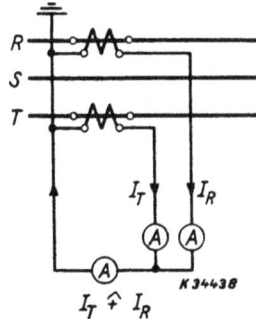

Abb. 63. Sternschaltung zweier Stromwandler
als Sparschaltung für drei Strommesser.

Abb. 136). Sie werden ferner für Schutzeinrichtungen mit Überstromzeitrelais und einige Ausführungen von Distanzrelais sowie Richtungsrelais verwendet.

Die Dreiwandlerschaltung nach Abb. 61 wird oft auch für den Anschluß von Erdschlußrelais zur selektiven Anzeige bzw. Abschaltung der
kranken Anlageteile, wie Freileitungen, Kabel, Generatoren u. dgl.
benutzt; die Erdschlußrelais werden dabei in den Sternpunktleiter, wie
in Abb. 61 bereits angedeutet ist, geschaltet.

Die Zweiwandlerschaltung wird zuweilen auch als Sparschaltung für drei Strommesser verwendet (Abb. 63). Der dritte
Strommesser zeigt, wie schon oben ausgeführt, die vektorielle Summe
der Ströme I_R und I_T an und damit den Strom, der im Hauptleiter S
fließt. Bei dieser Art der Strommessung werden auch die Leiterbrüche
im Netz eindeutig angezeigt.

Die Zweiwandlerschaltung nach Abb. 62 ist für Schutzzwecke
nur in Netzen mit freiem Sternpunkt zulässig, d. h. in Netzen mit nicht
starrer Erdung.

2. Dreieckschaltung.

Bei dieser Schaltung liegen die Sekundärwicklungen der Stromwandler in Reihe, die eigentlichen Meßleitungen dagegen parallel (Abb. 64).

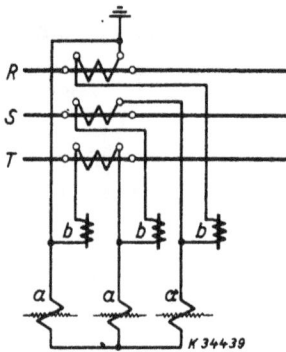

a Meßglieder der Relais
b Anregeglieder der Relais
Abb. 64. Dreieckschaltung von Stromwandlern für Anschluß von drei Distanzrelais.

Während des Normalbetriebes sind die Ströme im Dreieck der Wandler gleich den Leiterströmen I_R, I_s, I_T, im Meßkreis dagegen gleich den verketteten Strömen, und zwar $\sqrt{3} \cdot I_R$, $\sqrt{3} \cdot I_s$ und $\sqrt{3} \cdot I_T$; diese ergeben sich aus der Differenz zweier Leiterströme. Diese Schaltung wird gelegentlich beim Distanzschutz angewendet. Die Anregeglieder liegen dabei im Dreieck der Wandler und die Ablaufglieder (Meßglieder) im Stern der Meßleitungen. Durch Zuführung der entsprechenden Dreieckspannungen mißt man bei allen Kurzschlußarten die gleichen Leiterimpedanzen und hat mithin auch gleiche Auslösezeiten. Die Schaltung wurde hier angeführt, um das Meßprinzip allgemein zu zeigen.

3. Kreuzschaltung.

Die Kreuzschaltung ist ähnlich der Dreieckschaltung eine Stromdifferenzschaltung. Sie wurde von Biermanns 1921 für Überstromzeitrelais angegeben[1]) und 1923 von ihm für Distanz- und Richtungsrelais weiter ausgebaut[2]). Diese Schaltungen werden heute in großem Umfange in der Schutztechnik angewendet, da sie für alle Einsystemschaltungen (Sparschaltungen) die Grundlage bilden.

Die Kreuzschaltung der Stromwandler in einfachster Form ist dadurch gekennzeichnet, daß dem einzigen Relais, z. B. einem einpoligen Überstromzeitrelais, die Differenz zweier Leiterströme oder ein ihr proportionaler Strom zugeführt wird. Das Relais führt demnach bei dreipoligem Kurzschluß den $\sqrt{3}$fachen Kurzschlußstrom eines Leiters (Abb. 65a), bei zweipoligem Kurzschluß zwischen den Leitern R und T den 2fachen Strom eines kranken Leiters (Abb. 65b) und bei zweipoligem Kurzschluß zwischen den Leitern R und S die Differenz der Ströme des kranken Leiters R und des gesunden Leiters T (Abb. 65c). Ähnlich liegen die Verhältnisse bei einem Kurzschluß zwischen den Leitern T und S. Da der Strom (I_T bzw. I_R) des gesunden Leiters gegenüber dem

[1]) DRP. 370090.
[2]) DRP. 410965.

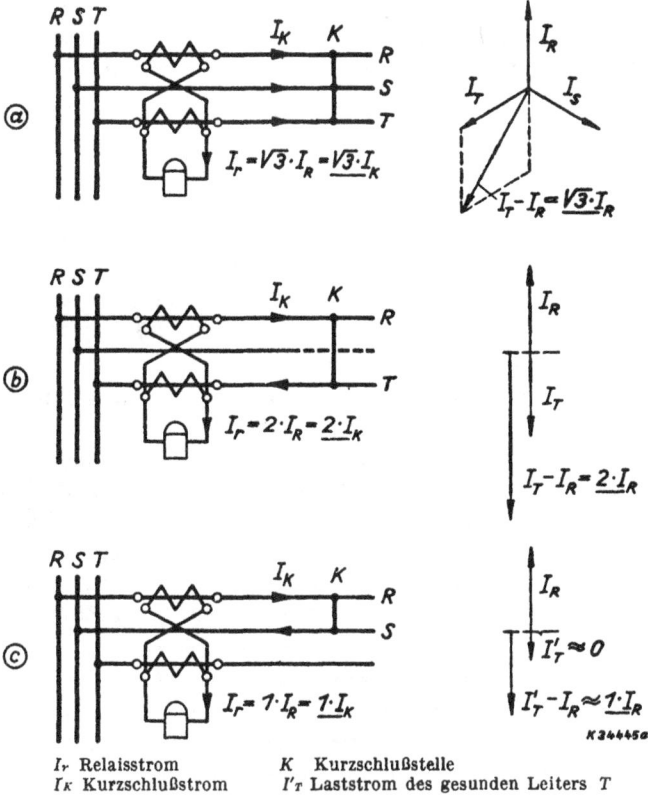

I_r Relaisstrom K Kurzschlußstelle
I_K Kurzschlußstrom I'_T Laststrom des gesunden Leiters T

Abb. 65. Grundschaltung und Stromdiagramme der Kreuzschaltung, bestehend aus zwei Stromwandlern und einem Überstromzeitrelais.

Kurzschlußstrom I_K gewöhnlich klein ist, so kommt im Relais hauptsächlich nur der Strom des kranken Leiters zur Geltung.

Das Schutzrelais erhält also bei dieser Schaltung je nach der Kurzschlußart Ströme, die sich etwa wie $1 : \sqrt{3} : 2$ verhalten.

Beim Distanzschutz wird der Größenunterschied der Ströme für eine Widerstandsmessung dadurch leicht unschädlich gemacht, daß dem einzigen Meßglied für jede Kurzschlußart die entsprechende Spannung zugeführt wird, z. B. die Sternspannung, die Dreieckspannung oder die halbe Dreieckspannung. Die zwei Anregeglieder werden dabei außerhalb der Differenzschaltung angeordnet, wie es z. B. Abb. 66 zeigt.

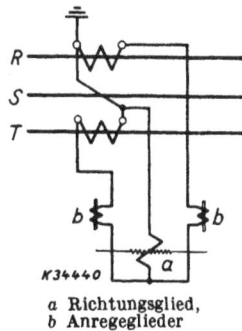

a Richtungsglied,
b Anregeglieder

Abb. 66. Kreuzschaltung, bestehend aus zwei Stromwandlern und einem Richtungsrelais.

Beim Richtungsschutz wird die Kreuzschaltung in ähnlicher Form wie beim Distanzschutz angewendet. Die Kreuzschaltung kann ohne besondere Umschalteinrichtung nur in Netzen mit isoliertem Sternpunkt angewendet werden.

4. Unsymmetriestromschaltung.

Mit Hilfe der Schaltung nach Abb. 61 kann, wie unter 1. schon ausgeführt, der Unsymmetriestrom aus den drei Leiterströmen herausgesiebt werden. Dieser Strom wird hauptsächlich benötigt zur Speisung von Erdschlußrichtungsrelais (wattmetrische Relais in cos φ- oder sin φ-Schaltung) oder von Umschaltrelais (Stromrelais) für die Doppelerdschlußerfassung durch Distanzrelais.

In Netzen mit erdschlußfreiem Betrieb und mit symmetrisch verteilten Erdkapazitäten ist die Summe der drei Primärströme gleich Null. Unter Annahme von fehlerfreien Stromwandlern muß daher die Summe der drei Sekundärströme auch Null sein. In Wirklichkeit fließt jedoch im Sternpunktleiter ein kleiner Strom, der durch die Unvollkommenheit (Ungleichheit) der Wandler und teilweise durch ungleich verteilte Bürden im Meßkreis bedingt ist; er heißt Falschstrom[1]) und darf mit dem Unsymmetriestrom bzw. Erdschlußstrom nicht verwechselt werden.

Beim Anschluß von Erdschlußrichtungsrelais müssen die drei Stromwandler sowie der Meßkreis bestimmten Bedingungen genügen. Bei Verwendung der Umschaltrelais für Distanzschutz brauchen dagegen keine besonderen Bedingungen erfüllt zu werden, weil es sich um unempfindliche Stromrelais handelt, die eigentlich nur bei Doppelerdschluß anzusprechen haben.

Damit der Falschstrom recht klein ausfällt und die empfindlichen Erdschlußrelais durch ihn nicht unnötig oder falsch zum Ansprechen gebracht werden, müssen die Wandler und der Meßkreis etwa folgenden Bedingungen entsprechen:

a) Gleiche Wandlerbauart, d. h. gleiche Eisenbeschaffenheit, gleicher Eisenquerschnitt, gleiche primäre und sekundäre Windungszahlen; gleiche Nennleistung und Klassengenauigkeit.

b) Einheitliche und gleich große Belastung (Bürden) der drei Wandler.

c) Große Nennleistung oder kleine Belastung, damit die Induktion sowie der Erregerstrom und folglich die höheren Harmonischen nicht zu groß werden. Die 3., 9., 15.... Harmonischen können sich nämlich nicht zu Null ergänzen, sondern erscheinen summiert im Sternpunktleiter.

---

[1]) Diese Bezeichnung wurde von A. v. Schaubert im VDE-Fachbericht 1927 erstmalig geprägt und erläutert; s. a. A. v. Schaubert, VDE-Fachberichte 1929.

Für besonders gesteigerte Anforderungen an den Erdschlußschutz,
z. B. bei Generatoren, wählt man zweckmäßig getrennte Wandlerkerne (Abb. 60) oder besondere Wandler, deren
Sekundärwicklungen gemäß Abb. 67 in vereinfach-
ter Form gegenüber Abb. 61 zusammengeschaltet
werden. Diese Schaltung ist im Schrifttum und in
der Praxis unter der Bezeichnung Holmgrenschal-
tung bekannt[1]). Hier fällt die unter b) gestellte
Bedingung von selbst fort. Die Wandler, die für
den Generatoren-Erdschlußschutz bestimmt sind,
werden zweckmäßig schon in der Fabrik auf gleiche
Strom- und Fehlwinkel abgeglichen. Durch diese
Maßnahme wird der Falschstrom von Hause aus
praktisch ausgeschieden (vgl. Abb. 68).

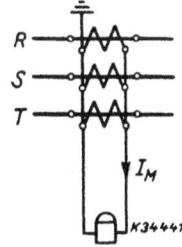

Abb. 67. Unsymme-
triestromschaltung.

Damit der Erdschlußstrom den Erdschlußrichtungsrelais praktisch in voller Höhe zugeführt werden kann, muß noch eine weitere Bedingung erfüllt sein, die darin besteht, daß der Eigenwiderstand des
Erdschlußrichtungsrelais oder, wenn noch andere Geräte in den Meß-

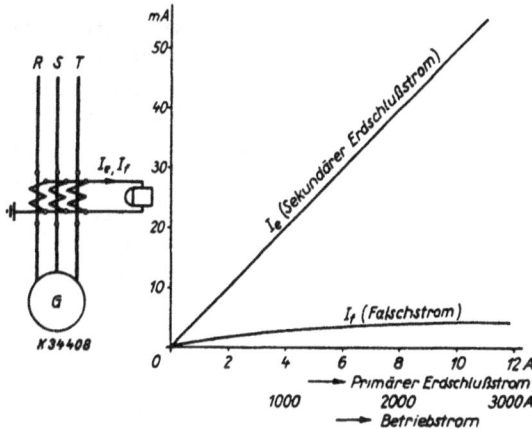

Abb. 68. Falschstrom I_f und Erdschlußstrom I_e auf der Sekundärseite von drei untereinander
abgeglichenen Stabstromwandlern 3000/15 A in Abhängigkeit des primären Erdschlußstromes
bzw. Betriebsstromes. Der sekundäre Nennstrom von 15 A statt 5 A hat den Zweck, die Nutz-
meßgröße I_e zu verstärken.

kreisen (Abb. 61) eingeschaltet sind, der Widerstand aller eingeschalteten
Relais zusammen genommen im Verhältnis zum inneren Widerstand
der Wandler kleine Werte aufweist. Es müssen also entweder kleine

---

[1]) Die Benennung dieser Schaltung nach Holmgren besteht eigentlich zu
Unrecht; denn sie wurde schon 1908 von L. C. Nicholson (USA-Pat. Nr. 959 787)
und unabhängig davon 1909 von E. Zachrisson (Schwed. Pat. Nr. 30594) angegeben. T. Holmgren verwendete sie erst 1911 (Näheres s. in E. u. M. 1927, S. 287.)

Bürden in den Meßkreisen oder große innere Widerstände der Wandler angestrebt werden. Eine Vergrößerung des inneren Widerstandes der Wandler erhält man leicht durch Anwendung von Kernen aus Nickeleisenlegierungen. Weitere diesbezügliche Ausführungen siehe auf S. 56.

Im vorstehenden wurde die Summenbildung des Stromes auf elektrischem Wege durch geeignete Schaltung der Sekundärwicklungen erzielt. Der Unsymmetriestrom kann aus den drei Leiterströmen aber auch auf magnetischem Wege mittels eines Ringkernes mit einer einzigen Sekundärwicklung ausgesiebt werden (Abb. 39). Näheres hierüber siehe auf S. 34.

5. Vergleichsschaltungen.

Darunter sind zunächst alle Schaltungen zu verstehen, bei denen an den Enden eines Anlageteils elektrische Größen miteinander verglichen werden, entweder über Hilfsleitungen oder über Hochfrequenzkanäle. Die entsprechenden Schaltungen sind in den Abb. 69...71 im Prinzip dargestellt.

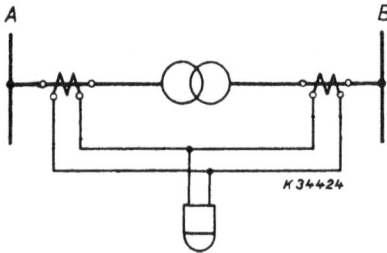

Abb. 69. Reihenschaltung zweier Stromwandler für Längs-Stromdifferentialschutz.

Beim Längs-Differentialschutz für Generatoren, Transformatoren und kurze Kabelstrecken (Abb. 69) werden Höhe und Richtung des Stromes am Anfang und Ende des Anlageteiles als Kriterium für den Schutz herangezogen. Ähnlich ist es bei dem Richtungs-Vergleichsschutz, der vorzugsweise für längere Kabel- und Freileitungen Verwendung findet. Dort wird die Richtung der Fehlerenergie dem Schutz (Abb. 70) zugrunde gelegt.

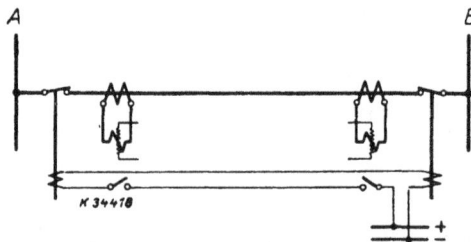

Abb. 70. Grundschaltung der Stromwandler für Richtungs-Vergleichsschutz.

In neuerer Zeit sind auch Schaltungen bekannt geworden, die über polarisierte Relais Gleichstromimpulse vergleichen.

Zu den Vergleichsschaltungen zählen auch alle diejenigen Schaltungen, bei denen die Stromstärken und Richtungen nur an je einem

Ende zweier oder mehrerer Leitungen vergleichsweise überwacht werden. Solche Schaltungen finden als Quer-Vergleichsschutz (Balanceschutz) für Freileitungen, Kabel u. dgl. (Abb. 71) vielfach Verwendung.

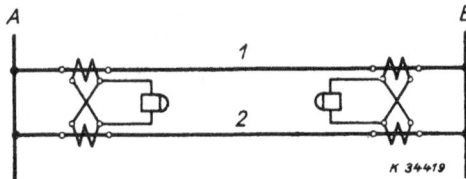

Abb. 71. Grundschaltung der Stromwandler für Quer-Vergleichsschutz.

Es würde im Rahmen dieses Buches zu weit führen, auf die Schaltungen dieser Art noch näher einzugehen. Sie sind an anderen Stellen ausführlich beschrieben worden[1]).

F. Schutzmaßnahmen für Stromwandler.

Im Betrieb darf der Sekundärkreis eines Stromwandlers nie offen gelassen werden, sondern er muß entweder mittelbar über irgendeine Bürde (Meßgerät, Widerstand) oder unmittelbar durch eine Lasche oder einen Bügel an den Sekundärklemmen geschlossen sein. Für den Schutz der Sekundärwicklung des Wandlers, der angeschlossenen Geräte und des Betriebspersonals sollen nachstehende Ausführungen Hinweise geben. Auch die Schutzwiderstände für die Primärwicklung sollen dabei kurz erläutert werden.

1. Gefahren beim offenen Sekundärkreis.

Durch Schaltfehler, Drahtbruch oder durch Lockerwerden der Kontaktstellen kann der Sekundärkreis eines Stromwandlers ungewollt unterbrochen werden. Mit dem Öffnen des Sekundärkreises fallen die Gegenamperewindungen fort. Der Wandler arbeitet nur noch wie eine Eisendrossel, da der ganze Primärstrom dabei zum Magnetisieren des Eisenkernes verwendet wird. Dadurch geht die Betriebs- bzw. Nenninduktion von wenigen hundert oder tausend Gauß auf die Sättigungsinduktion von 15000...20000 Gauß über.

Die angeschlossenen Schutzrelais und Meßgeräte sind bei offenem Sekundärkreis stromlos und mithin am Arbeiten verhindert. Weit unangenehmer sind die Erscheinungen, die am Wandler oder im Meßkreis auftreten können, wenn die Primärwicklung von hohen Betriebs-

---

[1]) Z. B. im Kapitel »Die Schutzschaltungen« von H. Neugebauer im Buche von M. Schleicher, das in der Fußnote auf S. 56 mit vollem Titel angegeben ist; im Buch von Ch. Bresson, Transformateurs de mesure et relais de protection, Dunod, Paris 1932.

strömen oder sogar Kurzschlußströmen durchflossen wird. Es handelt sich im wesentlichen um folgende Übelstände:

a) Auftreten sehr hoher Spannungen im Sekundärkreis,
b) Erwärmung des Wandlerkernes und dadurch der Isoliermittel,
c) Verminderung der Meßgenauigkeit durch Restmagnetisierung (bei wieder geschlossenem Sekundärkreis),

die im folgenden noch näher erläutert werden.

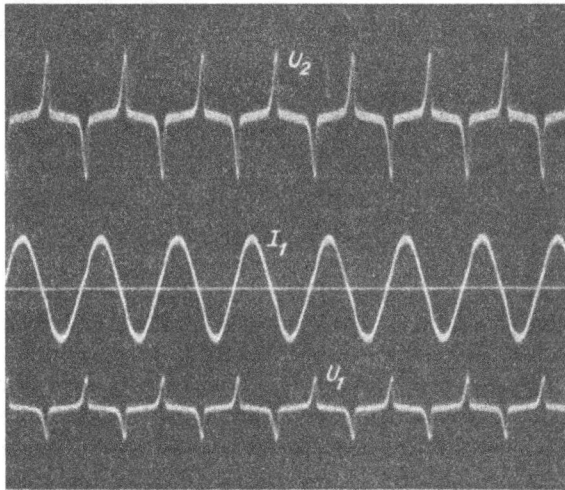

I_1 Primärstrom U_2 sekundäre Klemmen-
U_1 primäre Klemmenspannung   spannung
Abb. 72. Strom- und Spannungskurven eines Stromwandlers
mit offener Sekundärwicklung.

Die in der Sekundärwicklung induzierte Spannung wird zufolge der hohen Induktion sehr groß. Ihre Kurvenform ist gegenüber einer Sinuskurve durch die Eisensättigung stark verzerrt (hoher Ober-wellenanteil!) und durch sehr hohe Spitzen gekennzeichnet (Abb. 72), insbesondere bei großen Kurzschlußströmen. Bedenklich hoch werden die Spannungsspitzen (mehrere tausend Volt) bei Stromwandlern mit 1 A sekundärem Nennstrom. Wandlerkerne aus Nickeleisen haben wegen der kleineren Sättigungsinduktion (6000...9000 Gauß) kleinere effektive Leerlaufspannungen als Kerne aus Siliziumeisen. Die Höhe der Spannungsspitzen ist bei ihnen jedoch infolge der stärkeren Verzerrung größer.

Infolge der hohen Induktion steigen auch die Eisenverluste stark an. Bei langdauerndem Offensein des Sekundärkreises tritt eine Erhitzung des Wandlerkernes und mittelbar der Wandlerisolation ein,

d. h. die elektrische Festigkeit der Leiterumspinnungen, des Porzellans, der Preßstoffe usw. wird gemindert. Massewandler können sogar explodieren.

Die Meßgenauigkeit der Stromwandler kann schon nach kurzzeitigem Offensein des Sekundärkreises infolge Remanenzwirkungen im Eisenkern schlechter werden. Die Permeabilität des Eisens wird dabei beträchtlich vermindert, und die Strom- und Winkelfehler werden infolgedessen nicht unerheblich vergrößert. Nach Keinath kann die Fehlerzunahme im ungünstigen Falle 0,3% und 10...12 Min betragen, in der Regel ist sie jedoch nur halb so groß. Im Betrieb läßt die Remanenzwirkung im Laufe der Zeit nach.

Gemäß den REW 1932 dürfen Stromwandler mit offener Sekundärwicklung bei Beschickung mit Nennstrom auf der Primärseite während 1 min keinen Schaden nehmen. Diese Vorschrift ist in erster Linie für die Prüfung der Windungsisolation bestimmt. Um Restmagnetisierungen dabei zu vermeiden, muß der Strom nachher bei geschlossenem Sekundärkreis (über eine Bürde!) allmählich auf den Nennstrom gesteigert und ebenso allmählich wieder vermindert werden. Die Entmagnetisierung muß übrigens bei allen, ob versehentlich oder durch eine Störung offen gebliebenen Wandlern durchgeführt werden, bevor man sie wieder in Betrieb nimmt.

Selbsttätige Schutzmittel gegen alle Gefahren und Schäden, die bei offenem Sekundärkreis auftreten können, gibt es einstweilen noch nicht, wenigstens nicht in brauchbarer Form.

2. Kurzschließen des Sekundärkreises.

Im Betrieb treten nicht selten Fälle ein, bei denen man gezwungen ist, die Sekundärwicklungen der Stromwandler ohne Nutzbürde zu belassen, z. B. wenn die anzuschließenden Geräte zu spät geliefert werden, die schadhaft gewordenen Geräte ausgewechselt bzw. wiederhergestellt werden müssen oder aber der Meßkreis überhaupt überflüssig wird. In solchen Fällen ist es notwendig, daß man die Sekundärklemmen entweder unmittelbar (Abb. 73a) oder mittelbar über einen Widerstand (Abb. 73b) kurzschließt. Hierdurch können sich die notwendigen Gegen-AW ausbilden. Wie schon früher erwähnt wurde, darf die Sekundärwicklung eines Stromwandlers im Betrieb unter keinen Umständen offen bleiben.

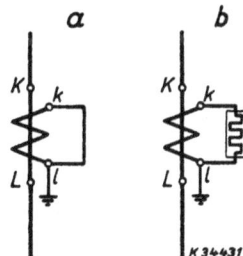

Abb. 73. Unmittelbares (a) und mittelbares (b) Kurzschließen der Stromwandler.

Nicht alle Stromwandler vertragen schadlos bei Netzkurzschluß das unmittelbare Kurzschließen der Sekundärklemmen. Es gibt viele Stromwandler, deren thermische Kurzschlußfestigkeit auf der Sekundärseite geringer ist als auf der Primärseite (ungleiche Stromdichte!). Auch die dynamischen Wirkungen zwischen den Wicklungen steigen bei unmittelbarer Kurzschließung im Vergleich zur Belastung mit einer Bürde erheblich an.

Bei angeschlossener Bürde üblicher Größe, z. B. 25...100% der Nennbürde, ist der Unterschied in der Stromdichte der Primär- und Sekundärleiter ohne schädliche Wirkung, da die Eisensättigung infolge der Belastung des Wandlers schon beim 10...40fachen Nennstrom wirksam ist, und der Sekundärstrom nur bescheidene Werte (etwa 50...200 A) annehmen kann.

Beim unmittelbaren Kurzschließen der Sekundärwicklung — auch bei zu kleiner Bürde — tritt jedoch die Sättigung der Wandler erst bei sehr großen Primärströmen ein, wodurch der Sekundärstrom ebenfalls sehr groß wird (mehrere hundert Ampere). Über diese Vorgänge ist im Abschnitt »Überstromziffer« bereits ausführlich berichtet worden, außerdem sagt hierüber die Abb. 49 schon viel aus. Ist nun überdies die Abschaltzeit an dem betreffenden Anlageteil bei Kurzschlüssen sehr lang, etwa 3...6 s, so ist es klar, daß die üblichen Leiterquerschnitte der Sekundärwicklungen von rd. 2,5...3,8 mm² Cu solchen Ansprüchen nicht ohne weiteres gewachsen sind. Sehr bedenklich liegen im besonderen die Verhältnisse bei Ein- und Mehrleiterwandlern mit kleiner Nenninduktion (großer Eisenquerschnitt und kleine AW-Zahl!) für Nennstromstärken etwa unter 200 A, wenn sie großen Kurzschlußströmen ausgesetzt sind.

Bei den geschilderten Fällen ist die Anwendung folgender zwei Mittel weit zweckmäßiger als das unmittelbare Kurzschließen:

a) Die Sekundärwicklung wird über einen Widerstand »kurzgeschlossen« (Abb. 74) oder

Abb. 74. Widerstand für mittelbares Kurzschließen von Stromwandlern.

b) die Stromdichte des Sekundärleiters wird der des Primärleiters angeglichen.

Die letzte Maßnahme kann leider aus räumlichen und wirtschaftlichen Gründen bei den gewöhnlichen Wandlerausführungen nicht immer getroffen werden, insbesondere nicht bei Stab- und Wickelwandlern für kleine Nennstromstärken.

Die Widerstände zum Schutze der Sekundärwicklungen (vgl. Abb. 59 u. 74) sind dagegen billig, klein und handlich. Man legt sie zweckmäßig für einen Widerstandswert aus, der dem der Nennbürde des Wandlers entspricht, z. B. für 0,6; 1,2; 2,4 Ω. Solche Widerstände bieten die Gewähr, daß der Sekundärstrom höchstens den 10-...40-

fachen Wert seines Nennstromes erreicht. In Abb. 60 ist beim Wandler der Phase S der zweite, überflüssige Kern durch einen Widerstand belastet, obwohl hier der Nennstrom des Wandlers schon verhältnismäßig hoch ist.

Die beschriebenen Widerstände benutzt man mit gutem Erfolg auch als Zusatzwiderstände im Sekundärkreis zum Schutze der Meßgeräte (s. die Ausführungen auf S. 55 und die Abb. 59) und gegebenenfalls auch zur Erhöhung der Meßgenauigkeit (im praktischen Betriebe sind die angeschlossenen Bürden oft viel zu klein). Für den gleichen Zweck verwendet man zuweilen auch Kurzschließerrelais (Abb. 55 u. 56) oder sogar Zwischenwandler bzw. Sättigungswandler (Abb. 41). Bei den Kurzschließerrelais ist wiederum darauf zu achten, daß durch ihre Anwendung die restliche Bürde nicht zu klein wird, da sonst die Sekundärwicklung Schaden nehmen kann.

3. Schutzwiderstände für die Primärwicklung.

Die Isolation der Stromwandler kann im Betrieb durch Wanderwellen mit steiler Stirn oder durch sonstige schnelle Spannungsänderungen bei Ausgleichvorgängen außerordentlich hoch beansprucht werden, insbesondere zwischen den Primärklemmen und zwischen den einzelnen Primärwindungen. Die Gefahr der elektrischen Überbeanspruchung der Isolierstoffe wird dabei weniger durch die absolute

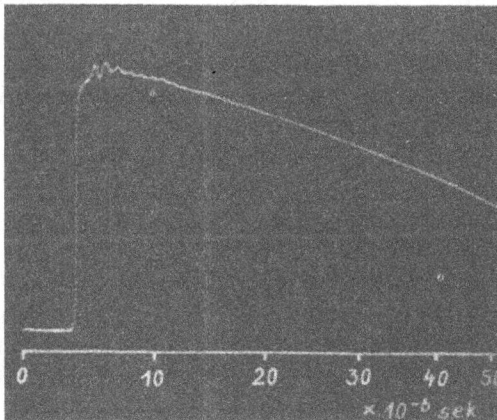

Abb. 75. Zeitlicher Verlauf einer Wanderwelle.

Spannungshöhe — 2...4,5fache Betriebsspannung bei Schaltvorgängen und etwa die 10fache Betriebsspannung bei Blitzschlägen — als vielmehr durch die schnelle Spannungsänderung du/dt hervorgerufen. Das Oszillogramm in Abb. 75 zeigt eine Wanderwelle mit steiler Front und einigen Oberschwingungen.

5*

Am stärksten gefährdet sind Wandler mit hoher Induktivität. Hierzu zählen die Wandler mit großer Wicklungslänge, d. h. mit vielen oder langen Primärwindungen. Zwischen den Primärklemmen solcher Stromwandler können gefährliche Spannungsunterschiede auch durch hohe Kurzschlußströme verursacht werden ($U_K = I_K \cdot \omega L$).

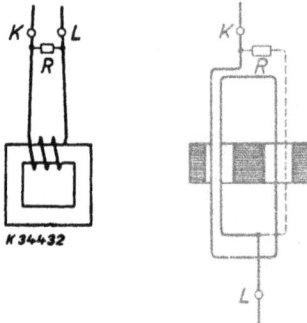

Zum Schutze der Stromwandler gegen diese Spannungsgefahren benutzt man seit Jahren folgende zwei Mittel mit gutem Erfolg:

a) den Einbau spannungsabhängiger Widerstände zwischen den Primärklemmen, also parallel zur Primärwicklung (Abb. 76),

b) die Benutzung hochwertiger Isoliermittel für die Primärleiter.

Abb. 76. Anordnung der Schutzwiderstände zur Primärwicklung von Topf- und Schleifenwandlern (vgl. auch die Abb. 22, 23, 24 und 26).

Die Schutzwirkung der spannungsabhängigen Widerstände (Silit-, SAW- oder Thyritwiderstände[1])) besteht darin, daß ihr Widerstandswert sich bei Erhöhung der anfallenden Spannung kurzzeitig nur für die Dauer der Stoßüberspannung erheblich verringert und dadurch eine wirksame Spannungsentlastung der Primärwicklung herbeiführt. Der Schutzwert ist um so größer, je kleiner diese Widerstände sind. Die Widerstandswerte dürfen allerdings einen bestimmten Betrag nicht unterschreiten, da sonst über sie im Normalbetrieb ein zu großer Teil des Hauptstromes fließt, der die Wandlerfehler ungünstig beeinflussen kann.

Die Widerstandswerte liegen im Nennbetrieb je nach der Höhe der Selbstinduktion bzw. der Nennstromstärke der Wandler in der Größenordnung von 1...500 Ω. Die größeren Werte gelten für die Wandler mit kleineren Nennstromstärken.

Die Schutzwirkung der spannungsabhängigen Widerstände erstreckt sich in weitem Ausmaße auch auf den Sekundärkreis der Stromwandler. Gelegentliche Überschläge in Schutzrelais beim Einschalten von leerlaufenden Kabelstrecken ließen die Vermutung aufkommen, daß die primärseitigen Überspannungen auch in den Sekundärkreis übertreten. Versuche mit Hilfe eines Kathodenstrahl-Oszillographen bestätigten diese Annahme in anschaulicher Weise. Hierbei ergab sich, daß bei Wandlern mit Schutzwiderstand die ersten Spannungsspitzen rund 40% niedriger ausfallen als bei Wandlern ohne Schutzwiderstand (vgl. Abb. 77 u. 78). Es ist anzunehmen, daß eine niederohmige Überbrückung der Sekundärwicklung durch Niederspannungs-

---

[1]) Camilli und Bewley, El. Engr. 1936, S. 254; E. u. M. 1936, S. 443.

Kondensatoren mit einigen μF eine weitere Minderung der Über-
spannungsgefahr für den Meßkreis bringt.

Ähnliche Spannungsüberschläge wurden auch bei Schutzrelais be-
obachtet, die an Stabstromwandler angeschlossen sind.

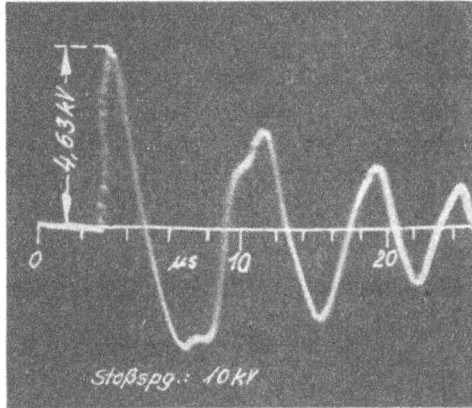

Abb. 77. Überspannung auf der Sekundärseite eines
Mehrleiterwandlers ohne Schutzwiderstand (Schwingungen des Wandlers mit der Kabelkapazität).

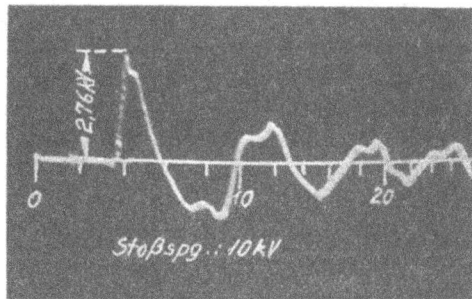

Abb. 78. Überspannung auf der Sekundärseite am
gleichen Mehrleiterwandler mit spannungsabhängigem
Überbrückungs-Widerstand.

4. Schutzerde.

Zur gefahrlosen Bedienung der an die Wandler angeschlossenen
Geräte ist es gemäß den VDE-Regeln erforderlich, einen Pol der Sekundärwicklungen und das Gehäuse samt der Eisenkerne unmittelbar zu
erden, d. h. mit einem Leiter von mindestens 16 mm² Cu oder 25 mm² Al.
Diese Maßnahme ist notwendig für den Fall, daß die Isolation zwischen
den Primär- und Sekundärwicklungen Schaden nimmt und folglich das
Betriebspersonal durch den Übertritt der Hochspannung in den Sekundär-

kreis gefährdet wird. Zwei oder mehrere galvanisch verbundene Wandler dürfen nur an einer Stelle geerdet werden, vgl. z. B. die Abb. 61...64.

Die Erdung hat noch den Vorteil, daß sie statische Ladungen abführt und außerdem bei Leistungsmessungen einen Potentialausgleich zwischen den Strom- und Spannungsspulen schafft, wodurch Meßfehler durch elektrostatische Kräfte beseitigt werden. Weitere Ausführungen hierüber sind im einschlägigen Schrifttum zu finden[1]).

Für die Ausführung der Erdungen selbst gelten die vom VDE aufgestellten »Leitsätze für Schutzerdungen in Hochspannungsanlagen« und die »Leitsätze für Schutzmaßnahmen in Starkstromanlagen mit Betriebsspannungen unter 1000 V«.

G. Dynamische Kurzschlußfestigkeit.

1. Allgemeines.

Stromwandler können in elektrischen Anlagen durch Stoß- und Dauerkurzschlußströme mechanisch und thermisch überbeansprucht werden. Sie sind im allgemeinen in Netzen mit niedriger Betriebsspannung (unter 30 kV) durch die Kurzschlußströme mehr gefährdet als in Netzen mit hoher Betriebsspannung (über 30 kV), weil bei gleicher Kurzschlußleistung die Ströme im ersten Falle infolge der geringen Spannung viel größere Werte erreichen und weil die Leiterabstände in Netzen mit niedriger Betriebsspannung von Hause aus schon viel kleiner sind als in Netzen mit hoher Betriebsspannung. Außerdem sind in Netzen bis zu 10 kV die Maschinen mit den übrigen Netzteilen oft unmittelbar, d. h. nicht über Transformatoren verbunden; die Kurzschlußströme, insbesondere die Stoßströme, treten daher in den Netzteilen mit geringer Entfernung von den Maschinen zumeist praktisch ungedämpft auf. — Stromwandler werden gewöhnlich viel stärker beansprucht als Transformatoren, da sie nicht imstande sind, den Kurzschlußstrom durch ihren eigenen Blindwiderstand merklich zu begrenzen.

Für die Wahl der Stromwandler sind neben der Reihenspannung in erster Linie maßgebend die Größe des Kurzschlußstromes an der Einbaustelle und die erforderliche Nennleistung bei einer bestimmten Klassengenauigkeit; ferner sind die erforderliche Überstromziffer sowie die jeweils vorhandenen Einbauverhältnisse mitbestimmend.

Hinsichtlich der mechanischen Beanspruchung hat man bei den Stromwandlern grundsätzlich zwischen innerer und äußerer dynami-

---

[1]) Z. B. im Buch von Skirl, Elektrische Messungen, Verlag Walter de Gruyter, Leipzig 1936, S. 80...83.

scher Festigkeit zu unterscheiden[1]). Diese Unterteilung gilt sowohl für die Einleiter- als auch für die Mehrleiterwandler.

Für die innere mechanische Beanspruchung kommen nur solche Kräfte in Frage, die durch Kurzschlußströme bzw. die Streufelder im Innern der Wandler hervorgerufen werden. Die äußere Beanspruchung dagegen ist lediglich durch die Kräfte des Kurzschlußstromes gegeben, die zwischen den Leitern eines Leitungsstranges auftreten und die von außen her auf die Wandler ähnlich wie auf Stützer und Durchführungen einwirken.

2. Innere dynamische Kurzschlußfestigkeit.

Bei den Einleiter-Stromwandlern ist die innere dynamische Kurzschlußfestigkeit praktisch unbegrenzt, weil bei ihnen im Innern keine einzige geschlossene Stromschleife auf der Primärseite vorhanden ist und weil der Primärleiter und die Sekundärwicklung symmetrisch und meist koaxial zueinander angeordnet sind.

Die Mehrleiter-Stromwandler haben dagegen nur eine begrenzte innere dynamische Festigkeit, da Kurzschlußströme in den Primärwicklungen schon sehr hohe Kräfte hervorrufen können. Die mechanische Beanspruchung ist im Innern bei gleichen Kurzschlußströmen um so größer, je mehr Primärwindungen vorhanden sind. Die Anzahl der Primärwindungen ist bei den Wickelwandlern für kleine Nennströme ($I_n < 50/5$ A) sehr beträchtlich; sie wird ermittelt aus der Nenn-Amperewindungszahl. Diese liegt bei neuzeitlichen Wandlern mit üblicher Nennleistung und Meßgenauigkeit (z. B. 30 bzw. 45 VA in Klasse 1) in der Größenordnung von 600...1200 AW. Der kleinere Wert der AW-Zahl gilt für Wickelwandler mit Kunstschaltung oder für solche, bei denen die Kerne anstatt aus Siliziumeisen aus Nickeleisen hergestellt werden. — Die Leiterquerschnitte selbst haben auf die dynamische Festigkeit der Wickelwandler in den meisten Fällen praktisch keinen Einfluß.

Stark beansprucht sind im besonderen die Leitereinführungen bei den Topfstromwandlern, da sie im Isolator meistens eine enge Schleife bilden (Abb. 79). Nimmt die mechanische Beanspruchung unzulässige Werte an, so kann sie das Abreißen der Leitereinführungen und sogar die Sprengung des Isolators verursachen (Abb. 80). Bei Mehrleiterwandlern mit koaxial angeordneten Primär- und Sekundärwicklungen machen sich außerdem infolge von Spulenunsymmetrien starke axiale Schubkräfte[2]) bemerkbar (Abb. 81), die ebenfalls zur Zertrümmerung

---

[1]) S. a. M. Walter, Kurzschlußströme in Drehstromnetzen, Verlag R. Oldenbourg, München 1935, S. 72...77; M. Walter, Über die dynamische Kurzschlußfestigkeit der Stromwandler, ETZ 1936, S. 1172.

[2]) S. a. W. Reiche, Über die Kurzschlußfestigkeit von Stromwandlern, ETZ 1928, S. 1772.

der Wandler führen können (Abb. 82 u. 83). Gegen alle diese Erscheinungen haben die Herstellerfirmen bei ihren neueren Bauarten von
Mehrleiterwandlern bereits entsprechende Maßnahmen getroffen. Sie be-

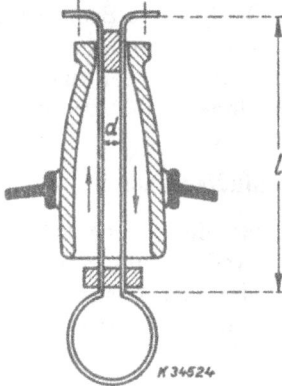

Abb. 79. Leitereinführung bei
einem Topfwandler.

Abb. 80. Durch Kurzschlußstrom
zerstörter Isolator eines Topfstrom-
wandlers.

stehen im wesentlichen darin, daß die Leitereinführungen weit ausein-
andergelegt und gut abgestützt[1]), die Spulenunsymmetrien dagegen durch
konstruktive Anordnungen von vornherein möglichst vermieden werden.

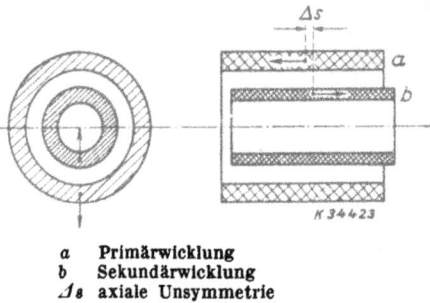

a   Primärwicklung
b   Sekundärwicklung
Δs axiale Unsymmetrie

Abb. 81. Richtung der Stromkräfte in koaxialen
Wicklungen von Stromwandlern.

Abb. 82. Durch axiale Schubkräfte
zwischen Primär- und Sekundärspule
zerstörter Wickelwandler.

Zur Beurteilung der inneren dynamischen Festigkeit von Mehr-
leiter-Stromwandlern dient der Begriff »dynamischer Grenzstrom«.
Dynamischer Grenzstrom ist nach den VDE-Regeln die erste (größte)
Stromamplitude, die ein Wandler bei kurzgeschlossener Sekundär-

[1]) Die Einführungen werden mitunter auch in Rohre eingebettet und von
einigen Herstellern (ASEA) sogar konzentrisch angeordnet.

wicklung dynamisch aushält, ohne Schaden zu nehmen; er wird in kA angegeben. Ist jedoch an die Sekundärwicklung eine Bürde (Relais, Meßgeräte oder Zähler) angeschlossen, so hält der Stromwandler in bezug auf die axialen Schubkräfte einen höheren Stoßkurzschlußstrom aus, da in diesem Falle der Sekundärstrom durch das Anwachsen des Übersetzungsfehlers bzw. des Gesamterregerstromes keine so hohen Werte mehr annimmt. Eine Verlagerung bzw. ein Schadhaftwerden der Wicklungen tritt dann nicht so leicht ein.

Die innere dynamische Festigkeit von gewöhnlichen Mehrleiterwandlern beträgt je nach ihrer Bauart dyn. 150...300, d. h. die Wandler halten bei kurzgeschlossener Sekundärwicklung den 150-...300fachen Amplitudenwert ihres Nennstromes aus. Vermindert man bei einem derartigen Mehrleiterwandler die Nennleistung oder Meßgenauigkeit oder beide gleichzeitig, indem bei unverändertem Eisenkern die Windungszahl ermäßigt wird, so kann die innere dynamische Festigkeit noch wesentlich gesteigert werden; denn die innere mechanische Beanspruchung eines Wandlers geht bekanntlich mit dem Quadrat seiner Windungszahl zurück.

Mehrleiterwandler der Nennstromstärke 100/5 A in normaler Ausführung, d. h. Form *a* mit 30 VA bzw. 45 VA in Klasse 1, haben z. B. einen dynamischen

Abb. 83. Durch dynamische Wirkung des Kurzschlußstromes zerstörter Topfstromwandler (Primärund Sekundärspule haben sich verlagert. Ölkessel ist fortgenommen.)

Grenzstrom von 35...42 kA, welche Werte dyn. 250...300 entsprechen[1]), d. h. die Wandler vertragen das 250-...300fache ihres Nennstromscheitelwertes. Die größeren Wandler gleicher oder anderer Reihenspannung mit den Kennbuchstaben *b*, *c* usw. weisen eine viel höhere Nennleistung bei gleicher Klassengenauigkeit auf, da sie wesentlich mehr Eisen gleicher Beschaffenheit besitzen (Abb. 84). Sie haben jedoch dieselbe AW-Zahl wie die Wandlerform *a* und mithin praktisch die gleiche innere dynamische Kurzschlußfestigkeit (die thermische Kurzschlußfestigkeit dieser Wandler ist ebenfalls gleich der eines Wandlers

---

[1]) Es gibt auf dem Markt auch Wickelwandler normaler Ausführung (Form a), die bei gleicher Nennleistung und Meßgenauigkeit eine wesentlich kleinere dynamische Kurzschlußfestigkeit aufweisen. Es handelt sich dabei um Wandler mit einer verhältnismäßig hohen Nenn-AW-Zahl, beispielsweise mit 1000...1200 AW.

Form *a*, da auch ihre Stromdichte bei Nennstrom nur etwa 1,5...2 A/mm² beträgt).

Sollen nun die Wandler der Formen *b*, *c*, *d* usw. aus Gründen der Betriebssicherheit für eine größere Kurzschlußfestigkeit ausgelegt werden, so braucht man nur ihre Nennleistung kleiner zu nehmen bzw.

Form a (30 VA in Kl. 1)   Form b (60 VA in Kl. 1)   Form c (90 VA in Kl. 1)

Abb. 84. Prinzipbilder von Topfstromwandlern gleicher Reihe mit verschieden großen Eisenquerschnitten (jedoch einheitlicher Eisenbeschaffenheit) und gleicher AW.-Zahl.

der Nennleistung des Wandlers Form *a* — gleiche Klassengenauigkeit vorausgesetzt — anzugleichen, indem man ihre Windungszahl verringert und die Leiterquerschnitte bei gleichbleibendem Wickelraum verstärkt. Hierdurch wird also sowohl die dynamische als auch die thermische Festigkeit der Stromwandler erheblich gesteigert.

3. Äußere dynamische Kurzschlußfestigkeit.

Die äußere dynamische Kurzschlußfestigkeit der Stromwandler ist im wesentlichen bedingt durch die gegebene Umbruchfestigkeit ihrer Isolatoren (Abb. 85). Unter Umbruchfestigkeit versteht man die zulässige Kraft, die ein Isolator mit Bestimmtheit aushält. Durch geeigneten Einbau der Wandler in den Leitungszug können die äußeren Kräfte, die von außenher auf die Wandler einwirken, natürlich im weiten Maße gesteuert werden. Die Umbruchfestigkeit dürfte bei Einleiter- und Mehrleiterwandlern in den meisten Fällen in der gleichen Größenordnung liegen. Bei Einleiterwandlern trägt der starke Kupferstab oder die Schiene sowie die gegebenenfalls vorhandene Papierumpressung, bei einigen Ausführungen von Mehrleiterwandlern die doppelte Anzahl Isolatoren zur Erhöhung der Festigkeit gegen die äußeren Kräfte nicht unwesentlich bei.

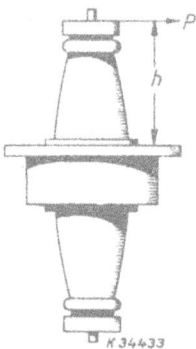

Abb. 85. Stromwandler mit angedeuteter Umbruchkraft *P*.

Absolutwerte in kg, denen die Stromwandler ähnlich wie Durchführungen und Stützer gegenüber den äußeren Kräften standhalten sollen, werden einstweilen weder vom VDE noch von allen Wandlerherstellern genannt. Eine allgemein gültige

Normung solcher Werte dürfte bei der Vielgestaltigkeit der Wandler auch kaum möglich sein. Falls keine genauen Unterlagen vorliegen und man dennoch sicher gehen will, so setzt man die Umbruchfestigkeit der Stromwandler zweckmäßig gleich der von gewöhnlichen Stützern und Durchführungen der Gruppe A (375 kg)[1]. Damit ergibt sich wenigstens ein Anhaltspunkt bzw. Richtwert für die Planung. Liegen die äußeren Beanspruchungen höher als die gegebene Umbruchfestigkeit der Stromwandler, so sind Stützer entsprechender Festigkeit zur Entlastung in unmittelbarer Nähe der Wandler einzubauen. Eine solche Maßnahme ist schon deswegen empfehlenswert, weil die Wandler im allgemeinen edle Anlageteile darstellen und sehr wichtige Aufgaben in meß- und schutztechnischer Hinsicht zu erfüllen haben.

Die äußere mechanische Beanspruchung hängt bei Wandlern gleicher Bauart und bei gegebenem Kurzschlußstrom im wesentlichen nur von der räumlichen Anordnung, d. h. vom Phasenabstand der Wandler untereinander sowie von der Abstützung der Leiter des Leitungsstranges selbst ab. Unterliegen doch die Stromwandler in elektrischen Anlagen (vgl. Abb. 86 u. 88) den gleichen dynamischen Wechselwirkungen der stromführenden Phasenleiter, wie etwa Stützer und Durchführungen. Stromwandler können daher für die betreffende Anlage nur dann als dynamisch kurzschlußsicher bezeichnet werden, wenn sie bei ausreichender innerer dynamischer Festigkeit auch die erforderliche Umbruchfestigkeit besitzen, bzw. wenn

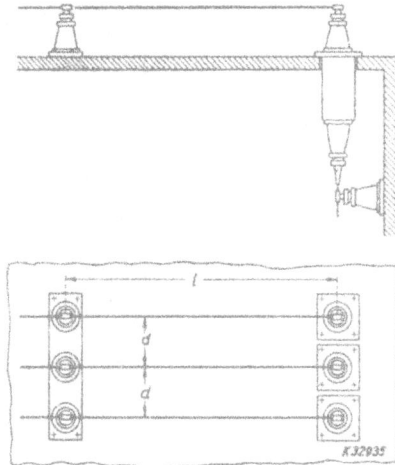

Abb. 86. Leiteranordnung mit Stabstromwandlern.

sie in den Anlagen auch mit genügenden Abständen voneinander eingebaut oder durch Stützer zweckmäßig entlastet sind[2].

Den erforderlichen Abstand d kann man unter Zuhilfenahme der bekannten Gl. (12) leicht ermitteln. Zwischen zwei stromdurchflossenen, parallel geführten Leitern der Länge l tritt hiernach je nach der Strom-

---

[1] Die Umbruchfestigkeit (Kleinstwert) beträgt gemäß VDE für Stützer und Durchführungen bis Reihe 45, gemessen am Isolatorkopf, in der Gruppe A 375 kg, in der Gruppe B 750 kg und in der Gruppe C 1250 kg.

[2] Im Falle eines einpoligen Kurzschlusses, wie er in starr geerdeten Netzen meist auftritt, ist auch ihre äußere dynamische Festigkeit praktisch unbegrenzt.

richtung eine Anziehungs- oder Abstoßkraft in kg von

$$P = 2{,}04 \cdot \frac{l}{d} \cdot I_s^2 \cdot 10^{-8} \quad \ldots \ldots \ldots \ldots \quad (12)$$

auf, wobei

I_s die Amplitude des Stoßkurzschlußstromes in A,
l die Leiterlänge im parallelen Abschnitt (Spannweite) in cm,
d den Leiterabstand in cm

bedeuten (vgl. a. Abb. 86).

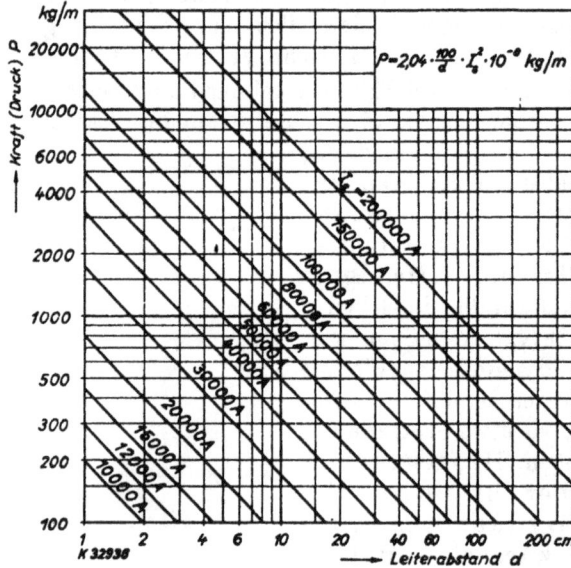

Abb. 87. Kennlinien der mechanischen Kräfte, die bei zweipoligen Kurzschlüssen in parallel verlegten Leitern (z. B. Sammelschienen) je Meter auftreten.

Die Gl. (12) hat in dieser Form nur Gültigkeit für den zweipoligen Kurzschluß, d. h. für diejenige Fehlerart, bei der die größten mechanischen Kräfte auftreten. Der Stoßkurzschlußstrom ist zwar beim drei- und zweipoligen Kurzschluß praktisch gleich groß, nicht aber die durch ihn verursachte mechanische Beanspruchung der Anlageteile. Beim zweipoligen Kurzschluß sind nämlich die dynamischen Kräfte wesentlich größer als beim dreipoligen, weil bei ihm die Ströme in den beiden kranken Leitern gleich groß und phasengleich (180⁰), beim dreipoligen dagegen die Ströme in zwei Leitern im gleichen Augenblick infolge der 120⁰ Phasenverschiebung verschieden groß sind. Für die Bestimmung der dynamischen Festigkeit elektrischer Anlageteile muß man demnach stets den zweipoligen Kurzschluß als den ungünstigsten Fall zugrunde legen.

Die **Kraft** *P* je laufenden Meter kann als Funktion des Leiterabstandes für verschiedene Kurzschlußstromstärken auch aus Abb. 87 gewonnen werden.

Eine Gefährdung der Stromwandler in einer Anlage durch äußere Kurzschlußkräfte dürfte bei einer Leiterabstützung von Meter zu Meter und bei einem Leiterabstand von etwa 30 cm allerdings erst bei Stoßkurzschlußströmen über 60 kA eintreten. Erfolgt die Abstützung der Leiter bei sonst gleichen Bedingungen, jedoch in größeren Abständen, so können natürlich schon viel kleinere Ströme die Wandler mechanisch gefährden (vgl. Abb. 87).

Zu den hier besprochenen Kräften können sich noch weitere starke Kräfte gesellen, die als Folge der **Resonanz** zwischen Netzfrequenz und mechanischer Eigenschwingungszahl der benachbarten Anlageteile entstehen[1].

Zeigt sich, daß der erforderliche Leiterabstand *d* nicht eingehalten werden kann, sei es, daß die Wandlerzelle in der Breite nicht ausreicht oder ihre Tiefe eine Dreieckanordnung statt der ebenen Anordnung nach Abb. 86 nicht zuläßt, so muß gegebenenfalls unmittelbar vor jedem Stromwandler im Zuge des Leiters noch ein Stützer genügender Umbruchfestigkeit zur Entlastung eingebaut werden.

In der Praxis werden beim Einbau von Stromwandlern, insbesondere von Einleiterwandlern,

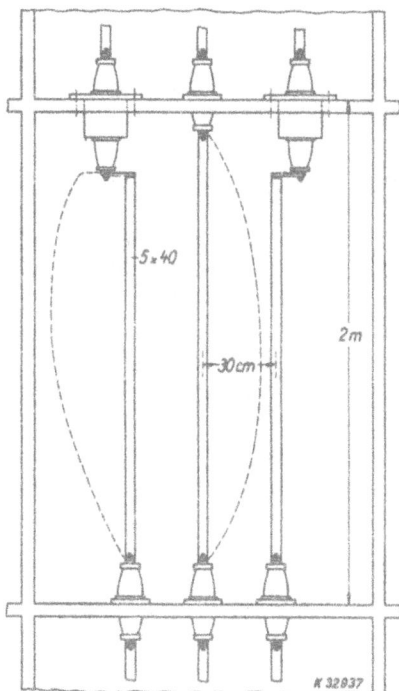

Abb. 88. Fehlerhafte Leiteranordnung mit Stabstromwandlern.

oft grobe Fehler gemacht. Man wiegt sich hierbei im alten Glauben, die Einleiterwandler wären absolut kurzschlußfest[2] und läßt beim Planen die notwendige Sorgfalt und mitunter die elementarsten Forderungen außer acht. Als **Beispiel** sei hier ein Ausschnitt aus einer Anlage gezeigt (Abb. 88), in der ein Einleiterwandler bei einem Stoßkurz-

---

[1] M. Walter, Kurzschlußströme in Drehstromnetzen, R. Oldenbourg, München 1935, S. 71; World Power 1935, S. 118 oder E & M 1936, S. 356.

[2] Derartige Aussagen trifft man im Schrifttum und in Firmenangeboten nicht selten an; man läßt dabei fälschlicherweise die äußere dynamische Beanspruchung unberücksichtigt.

schlußstrom von über 100 kA an seiner Kittstelle locker wurde — ein an und für sich harmloser Fehler — und die dazugehörigen Schienen $(5 \times 40 \text{ mm}^2)$ des Leitungsstranges sich stark verformten, wie es die gestrichelten Linien andeuten. Der Wandler wäre heil geblieben, wenn man vor seinem unteren Ende einen Stützer entsprechender Umbruchfestigkeit vorgesehen hätte, zumal die gesamte Spannweite etwa 2 m beträgt. Die äußere dynamische Beanspruchung wäre am Wandler ebenfalls geringer gewesen, wenn man die Verbindungsschiene an ihrem oberen Ende nicht nach innen, sondern unten an der Durchführung nach außen hin gekröpft hätte; hierdurch wäre der Leiterabstand d größer ausgefallen. Wären an Stelle der verhältnismäßig schwachen Verbindungsschienen kräftigere gewesen, die sich nicht verformt hätten, so wäre möglicherweise der durchgehende Porzellanisolator des Wandlers gebrochen, wie dies bei den Stützern der vorgelagerten Trennschalter und Hauptsammelschienen bei demselben Stoßkurzschlußstrom der Fall war.

Man hätte in diesem Kapitel selbstverständlich auch weniger harmlose Beispiele schadhaft gewordener Wandler anführen können. Der Verfasser unterließ dies jedoch, da die Hersteller der Wandler und die Betriebsleiter der Elektrizitätswerke derartiges ungern sehen bzw. zulassen und weil damit zu rechnen ist, daß Uneingeweihte bei oberflächlicher Betrachtung der Dinge falsche Schlüsse ziehen können.

Inwieweit die inneren und äußeren Kräfte bei Wandlersätzen eines Leitungsstranges zusammenwirken, ist eine Frage der Wandlerkonstruktion selbst und der räumlichen Anordnung der Wandler in der Zelle.

H. Thermische Kurzschlußfestigkeit.

1. Allgemeines.

Die thermische Beanspruchung eines Stromwandlers ist im Normalbetrieb gering. Der Eisenkern kann bei der kleinen Induktion, wie sie bei Stromwandlern üblich ist, kaum warm werden, auch nicht während der kurzzeitigen Sättigung bei Netzkurzschlüssen. Eine gefährliche Erwärmung des Eisens tritt erst bei offenem Sekundärkreis ein (s. S. 64). — Die Leiterquerschnitte der Primär- und Sekundärwicklungen sind so reichlich ausgelegt, daß die Stromdichte von 2 A/mm² bei Nennstrom nur selten überschritten wird. Meistens liegt die Stromdichte bei Nennstrom unter 2 A/mm². Überdies verlangt der VDE ganz allgemein, daß die Stromwandler den 1,2fachen Nennstrom bei Belastung mit der Nennbürde dauernd vertragen, ohne die zulässige Grenzerwärmung von 50...70° C für die jeweilige Art der Isolierung zu überschreiten. Bei Nennstrom ist die Erwärmung um etwa 35% niedriger.

Für Schutzrelais müssen die Stromwandler allerdings in manchen Einbaustellen der Freileitungsnetze auch für eine 50...100 proz. Dauerüberlastung ausgelegt werden; denn bei Doppel- und Ringleitungen kann der Fall eintreten, daß eine Leitungsstrecke durch Relais oder willkürlich abgeschaltet wird und daß dann über die verbleibenden Leitungsstrecken die ganze Leistung längere Zeit übertragen werden muß. Stromwandler für solche Bedingungen erhalten stärkere Primär- und Sekundärleiterquerschnitte. Unter Umständen muß eine Herabsetzung der Nennleistung vorgenommen oder zu einer leistungsfähigeren Wandlerform gegriffen werden.

Im Kurzschlußfalle ist die thermische Beanspruchung der Stromwandler zumeist wesentlich höher als im Normalbetrieb, denn infolge hoher Stoß- und Dauerkurzschlußströme kann die Stromdichte in den Leitern Werte bis zu mehreren hundert oder sogar tausend Ampere je mm² annehmen.

Die Bestimmung der thermischen Sicherheit eines Stromwandlers erfolgt gewöhnlich auf Grund des größten Dauerkurzschlußstromes, der an seinem Einbauort auftreten kann. Kommt jedoch an diesem Ort infolge geringer Impedanzen zwischen Fehlerstelle und Stromquelle ein beachtlicher Stoßkurzschlußstrom zustande, so muß auch dieser für die Bestimmung der Wärmewirkung mitberücksichtigt werden.

Die Zeitdauer des Kurzschlusses kann je nach den Netzverhältnissen und dem Einbauort der Geräte im Mittel mit 0,5...5 s (Relaisablaufzeiten) angenommen werden.

Bei der Bestimmung der thermischen Kurzschlußfestigkeit von Stromleitern in den Anlageteilen wird im allgemeinen die Wärmeabfuhr während der Kurzschlußdauer vernachlässigt und demnach angenommen, daß die gesamte Stromwärme zur Erhitzung des Leiterstoffes beiträgt.

Zum besseren Verständnis für die mit der thermischen Beanspruchung zusammenhängenden Fragen folgt nachstehend eine nähere Betrachtung der Erwärmung von Kupferleitern, wobei auf einige wichtige Formeln hingewiesen wird, die im wesentlichen zuerst von Binder angegeben wurden[1]).

2. Einfluß des Dauerkurzschlußstromes.

Die Erwärmung eines vom Strom durchflossenen Leiters wächst bekanntlich proportional mit der Zeit t und mit dem Quadrat der Stromdichte (j^2). Sie läßt sich durch die Gleichung

$$\vartheta = \frac{\varrho}{\tau} \cdot j^2 \cdot t \quad \ldots \ldots \ldots \ldots \quad (13)$$

---

[1]) L. Binder, Kurzschlußerwärmung in Kraftwerken und Überlandnetzen, ETZ 1916, S. 589 und 606.

ausdrücken. Der spezifische Widerstand ϱ und die spezifische Wärme τ sind für warmes Kupfer (50^0 C):

$$\varrho = \frac{1}{50} \cdot \frac{\Omega \, \text{mm}^2}{m} \quad \text{und} \quad \tau = 3,44 \, \frac{W_s}{{}^0C \cdot \text{cm}^3} \cdot$$

Da $j = \dfrac{I}{F}$ und $\dfrac{\varrho}{\tau} = \dfrac{1}{172} = \dfrac{1}{c}$ sind, so erhält die Gl. (13) die Form

$$\vartheta = \frac{I_d^2 \cdot t}{F^2 \cdot c} \quad \ldots \ldots \ldots \ldots \quad (13a)$$

Hier bedeuten:

ϑ die zulässige Erwärmung (Übertemperatur):
  für Stromwandler[1]) im Mittel etwa 190^0 C,
  für blanke Leiter im Mittel etwa 300^0 C,
  für Kabel im Mittel etwa 150^0 C,
I_d den Dauerkurzschlußstrom[2]) in A (konstanter Wert),
t die Zeit in s,
F den Leiterquerschnitt in mm^2,
c die Material- und Erwärmungskonstante:
  für warmes Kupfer $= 172$,
  für warmes Aluminium $= 74$.

Da die zulässige Erwärmung meist gegeben ist, lassen sich aus Gl. (13a) zwei für die Praxis sehr wichtige Werte bestimmen:

a) Die zulässige Beanspruchungszeit eines Anlageteiles bei einem bestimmten Dauerkurzschlußstrom I_d (größter Dauerkurzschlußstrom am Einbauort!) zu

$$t = \frac{\vartheta \cdot F^2 \cdot c}{I_d^2}; \quad \ldots \ldots \ldots \ldots \quad (14)$$

b) Der erforderliche Leiterquerschnitt für einen bestimmten Dauerkurzschlußstrom und eine bestimmte Kurzschlußdauer zu

$$F = \sqrt{\frac{I_d^2 \cdot t}{\vartheta \cdot c}}. \quad \ldots \ldots \ldots \quad (15)$$

Soll in einer Anlage, z. B. in einem Freileitungsnetz, aus betriebstechnischen Gründen hintereinander einmal oder mehrere Male auf einen bestehenden Kurzschluß geschaltet werden, so trägt man diesem Umstand bei der Bestimmung der Leiterquerschnitte dadurch Rechnung,

---

[1]) Die zulässige Erwärmung ist z. T. abhängig von der Höhe der Vortemperatur der Wandler. Stromwandler mit verstärkten Leiterquerschnitten haben eine niedrige Vortemperatur.
[2]) Der zusätzliche Einfluß des Stoßkurzschlußstromes auf die Erwärmung wird durch die Formel (18) berücksichtigt.

daß man in Gl. (15) unter der Wurzel einen Faktor k vorsieht, der die Anzahl der Abschaltungen des Kurzschlusses angibt. Eine dreimalige Beanspruchung der Leitung mit der Kurzschlußzeit t wird in Gl. (15a) z. B. folgendermaßen berücksichtigt:

$$F = \sqrt{\frac{I_d^2 \cdot t}{\vartheta \cdot c} \cdot k} = \sqrt{\frac{I_d^2 \cdot t}{\vartheta \cdot c} \cdot 3} \quad \dots \dots \quad (15a)$$

Der Faktor k kann eigentlich etwas kleiner angenommen werden als die Anzahl der Abschaltungen, da in solchen Fällen meist schon mit beträchtlicher Wärmeableitung zu rechnen ist, zumal viele Werke vor jedem Einschalten immer erst etwa 3 min abwarten.

Die Formeln (13...15a) gelten, wie schon oben gesagt, nur für gleichbleibende Dauerkurzschlußströme sowie unter der Voraussetzung, daß die erzeugte Stromwärme vollkommen von den Leitern aufgenommen wird. Diese Annahme ist bei der üblichen Kurzschlußdauer von 0,5...5 s durchaus zulässig[1]).

Zahlenbeispiel: In einer Freileitung sollen Wickelstromwandler 100/5 A der Reihe 10 mit einer Nennleistung von 30 VA in Klasse 1 eingebaut werden (vgl. Abb. 84). Der größtmögliche Dauerkurzschlußstrom an der Einbaustelle beträgt 10 000 A. Die unabhängigen Überstromzeitrelais zum Schutze dieser Leitung werden auf 2 s eingestellt.

Es ist zunächst zu ermitteln, wie lange ein Stromwandler normaler Ausführung (Wandlerform a) mit einem Primärleiterquerschnitt $F = 55\ mm^2$ Cu diesen Dauerkurzschlußstrom aushält. Mit Formel (14) ergibt sich die zulässige Beanspruchungszeit zu

$$t = \frac{\vartheta \cdot F^2 \cdot c}{I_d^2} = \frac{190 \cdot 55^2 \cdot 172}{10^8} \approx 1\ \text{s}.$$

Ein Wandler gewöhnlicher Ausführung entspricht also den gestellten Anforderungen (2 s Kurzschlußdauer) nicht.

Nach Gl. (15) erhält man den erforderlichen Leiterquerschnitt zu

$$F' = \sqrt{\frac{I_d^2 \cdot t}{\vartheta \cdot c}} = \sqrt{\frac{10^8 \cdot 2}{190 \cdot 172}} \approx 80\ mm^2.$$

Die nächststärkere Wandlerform b (vgl. Abb. 84) kann diese Bedingung bei der vorgegebenen Leistung von 30 VA in Klasse 1 erfüllen, weil sie mehr Eisen besitzt und infolgedessen bei dieser Leistung weniger Windungen erfordert. Die Primärleiter können dann bei gleichbleibendem Wickelraum mit stärkeren Leiterquerschnitten ausgeführt werden.

---

[1]) S. a. H. Buchholz, Probleme der Erwärmung elektrischer Leiter, Zeitschrift f. angewandte Math. und Mech. 1927, Heft 4.

Soll nun die Freileitung aus bestimmten betriebstechnischen Gründen nach erfolgter Auslösung noch einmal auf den Kurzschluß geschaltet werden, so ist ein Primärleiterquerschnitt von

$$F'' = \sqrt{\frac{I_d^2 \cdot t}{\vartheta \cdot c} \cdot k} \approx 80 \cdot \sqrt{2} \approx 113 \text{ mm}^2$$

notwendig. Die leistungsfähigere Wandlerform c der gleichen Reihe (Abb. 84) kann bei der geforderten Leistung und Genauigkeit unter Verringerung der Anzahl der Windungen mit einem solchen Leiterquerschnitt ohne weiteres versehen werden.

Zur Kennzeichnung der thermischen Kurzschlußfestigkeit von Stromwandlern bedient man sich allgemein des Begriffes **thermischer Grenzstrom,** worunter diejenige Stromstärke verstanden wird, die der belastete Wandler ohne übermäßige Erwärmung eine Sekunde lang aushält. Diesen thermischen Grenzstrom, der übrigens in der Praxis auch mit **Sekundenstrom** bezeichnet wird, kann man für Wandler ermitteln nach der in den VDE-Regeln enthaltenen Formel:

$$\boxed{I_{\text{therm}} = \frac{180 \cdot F}{1000} \text{ in kA,}} \qquad \cdots \cdots \cdots \text{(16)}$$

in der F den Kupferquerschnitt der Primärwicklung in mm² bezeichnet. Der Faktor 180 bedeutet die höchstzulässige Stromstärke je mm² Cu während 1 s, bei der die Endtemperatur von 200° C nicht überschritten wird[1]). Für Aluminium gilt der Faktor 118. Der weitere physikalische Inhalt der Formel (16) geht aus der Gl. (13a) hervor.

Will man wissen, welche Stromstärke z. B. Einleiter-Stromwandler (Primärleiterquerschnitt 285 mm²) mit dem thermischen Grenzstrom von 50 kA 4 s lang anstandslos aushalten (die Relais des zugehörigen Hochspannungsschalters seien z. B. auf 4 s eingestellt), so wird die Beziehung

$$\boxed{I_{1s} = I_k \cdot \sqrt{t_k}} \cdot \cdot \cdot \cdots \cdots \cdots \text{(17)}$$

benutzt[2]), und man erhält daraus den Kurzschlußstrom für 4 s zu

$$I_{4s} = \frac{I_{1s}}{\sqrt{t_k}} = \frac{50\,000}{\sqrt{4}} = 25\,000 \text{ A.}$$

In Gl. (17), deren zeichnerische Darstellung aus Abb. 89 ersichtlich ist, bedeuten I_{1s} den Sekundenstrom in A, I_k den Kurzschlußstrom in A und t_k die Kurzschlußdauer in s.

---

[1]) Über 200° C kann die Windungsisolation aus Baumwolle bei Wickelwandlern Schaden nehmen und dadurch zum Windungsschluß führen. In Frankreich und Rußland wird eine Endtemperatur von 250° zugelassen.

[2]) Die Formel (17) hat natürlich auch für Wickelwandler Gültigkeit.

Schließlich kann aus dem Sekundenstrom auch die zulässige Beanspruchungszeit t_k bei gegebener
Kurzschlußstromstärke I_k ermittelt
werden.

Der Sekundenstrom von normalen Wickelwandlern (Form a) ist
gleich dem 90-...120fachen Nennstrom. Die verstärkten Modelle (b,
c, d, e usw.) halten wesentlich höhere
thermische Grenzströme aus, wenn
ihre Leistung und Genauigkeit der
des Wandlermodelles a angeglichen
werden.

3. Einfluß des Stoßkurzschluß-
stromes.

Sind am Einbauort irgendeines
Anlageteiles merkliche Stoßkurzschlußströme zu erwarten, so muß

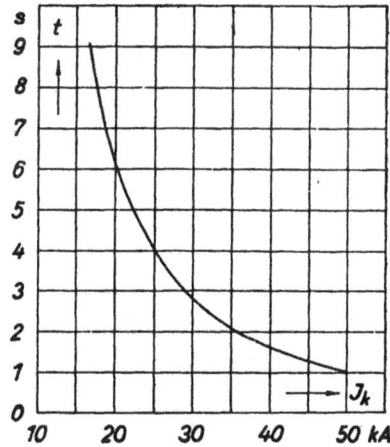

Abb. 89. Zulässige Dauer der thermischen
Beanspruchung eines Stabstromwandlers
mit einem Primärleiterquerschnitt von rd.
285 mm² Cu in Abhängigkeit von der
Stromstärke. Zeichnerische Darstellung
der Formel (17).

deren zusätzliche Wärmewirkung, wie schon erwähnt, ebenfalls berücksichtigt werden[1]). Das kann dadurch geschehen, daß man zu der eigentlichen Kurzschlußzeit t einen Zuschlag $\varDelta t$ macht (fiktive Zeit). Die
gesamte Erwärmung des Kupferleiters ist dann in Erweiterung der
Formel (13a)

$$\vartheta = \frac{I_d^2 (t + \varDelta t)}{F^2 \cdot c} . \quad \ldots \ldots \ldots \quad (18)$$

Die Größe der Zuschlagszeit $\varDelta t$ hängt ab vom Verhältnis des Stoßkurzschlußstromes I_s zum Dauerkurzschlußstrom I_d sowie von der Größe der
wirksamen Streuungs-Zeitkonstanten[2]) T_w des Ständers und Läufers
der Maschine beim zwei- und dreipoligen Kurzschluß. Als Näherungs-
formel für $\varDelta t$ gilt:

Beim zweipoligen Kurzschluß

$$\varDelta t = \left(\frac{I_s}{1,8 \cdot I_d^{\mathrm{II}} \cdot \sqrt{2}} \right)^2 \cdot T_w^{\mathrm{II}}, \quad \ldots \ldots \ldots \quad (19)$$

beim dreipoligen Kurzschluß

$$\varDelta t = \left(\frac{I_s}{1,8 \cdot I_d^{\mathrm{III}} \cdot \sqrt{2}} \right)^2 \cdot T_w^{\mathrm{III}}. \quad \ldots \ldots \ldots \quad (20)$$

---

[1]) P. Jacottet und F. Ollendorff, Praktische Berechnungsmethode für
den Stoßkurzschlußstrom von Drehfeldmaschinen, ETZ 1930, S. 926.

[2]) P. Jacottet und F. Ollendorff, Praktische Berechnungsmethode für
den Stoßkurzschlußstrom von Drehfeldmaschinen, ETZ 1930, S. 926. — J. Biermanns, Überströme in Hochspannungsanlagen, 1926, J. Springer, S. 377...386.

Die wirksame Zeitkonstante T_w ist beim zweipoligen Kurzschluß infolge geringerer Dämpfung (Ankerrückwirkung) größer als beim dreipoligen. Aus oszillographischen Aufnahmen wurden für den Klemmenkurzschluß folgende Durchschnittswerte ermittelt:

$$T_w^{II} \approx 0,6 \text{ s} \quad \text{und} \quad T_w^{III} \approx 0,3 \text{ s}.$$

Mit wachsender Kurzschlußentfernung nehmen diese Werte beim zweipoligen Kurzschluß etwa bis auf 0,2 s, beim dreipoligen etwa bis auf 0,1 s ab[1]).

Da die Kurzschlußströme beim zweipoligen Schluß an den Maschinenklemmen etwa den 1,5 fachen Wert des Stromes beim dreipoligen Schluß besitzen, so ergibt sich aus den Formeln (19) und (20), daß die Zuschlagszeiten für den zwei- und dreipoligen Kurzschluß nahezu gleich groß sind.

Die Zuschlagzeit Δt kann unter Umständen mehrere Sekunden betragen. Besonders groß ist diese fiktive Zeit dann, wenn die Maschinen mit dem Netz galvanisch verbunden sind und die Kurzschlüsse in geringer Entfernung von der Stromquelle auftreten.

J. Auswahl der Stromwandler (Zusammenfassung).

Die Auswahl der Stromwandler nach technischen und wirtschaftlichen Gesichtspunkten bietet für Planungs- und Betriebsingenieure, sofern sie mit dem Fragegebiet noch wenig vertraut sind, oft eine nicht leichte Aufgabe. Handelt es sich doch bei den Wandlern immerhin um ein Sondergebiet der Elektrotechnik, das mit der Meß- und Schutztechnik eng verbunden ist und das neben einigen theoretischen Kenntnissen eine Reihe praktischer Erfahrungen voraussetzt. Um dem Leser die Auswahl der Stromwandler leichter zu gestalten, sollen hier die wichtigsten Fragen in Form einer Aufstellung nochmals kurz erläutert, bzw. soll auf die diesbezüglichen Ausführungen im vorhergehenden unmittelbar verwiesen werden.

a) **Reihenspannung.** Die Reihenspannung ist eine genormte Spannung, für die ein Stromwandler hinsichtlich seines Isoliervermögens bemessen, gebaut und benannt ist. Die zu jeder Reihenspannung gehörigen, höchst zulässigen Betriebsspannungen sowie die einzuhaltenden Prüf- und Überschlagsspannungen sind für die Stromwandler in der Zahlentafel I auf S. 30 angegeben. Für Erweiterungen bestehender Anlagen mit 35 kV Betriebsspannung dürfen nach den REH 1937 ausnahmsweise auch Wandler der Reihenspannung 30 kV eingebaut werden. Wandler der Reihenspannung 6 kV sind nur für geschlossene

---

[1]) Nähere Untersuchungen s. in P. Jacottet, Dämpfung und Wärmewirkung des Stoßstromes bei einfach gespeistem Netzkurzschluß, Archiv f. Elektr. 1932, S. 679.

und gekapselte Anlagen zulässig. Im Auslande gelten zum Teil mildere Bestimmungen, so daß dort Wandler auch niedrigerer Reihenspannungen verwendet werden können.

b) **Nennstrom.** Die Wahl des primären und sekundären Nennstromes trifft man zweckmäßig nach den Werten der vom VDE empfohlenen Zahlentafel III.

Zahlentafel III.

Primäre Nennströme	5	10	20	30	50	75	100	150	200	300	400	500	600	750	800	1000 A
Sekundäre Nennströme	5 oder 1 A															

Bei Wandlern für nicht genormte Stromstärken (z. B. 40/5 oder 70/5 A) werden von den Herstellern zumeist Mehrpreise erhoben, auch sind die Lieferzeiten länger; denn solche Wandler werden nicht lagermäßig geführt. Die Nennstromstärke der Wandler soll mit Rücksicht auf die Meßgenauigkeit dem größten Betriebsstrom angepaßt und nicht wesentlich größer sein, da sonst bei Schwachlastbetrieb (nachts und an Sonntagen) die Stromstärke leicht unter 10% des Nennstroms sinken kann, also in einem Strombereich, in dem die Fehler erheblich größer werden, zumal die Wandler dauernd um 20% überlastbar sind.

c) **Umschaltbare Stromwandler.** Die entsprechenden Ausführungen hierüber siehe auf S. 31.

d) **Stromwandler mit mehreren Kernen.** Sollen an einen Stromwandler Meßgeräte, Zähler und Schutzrelais angeschlossen werden, so ist es auch aus Meß- und Sicherheitsgründen angetan, mehrere getrennte Kerne vorzusehen (s. Abb. 59 u. 60 und die entsprechenden Erläuterungen auf S. 55), obwohl dadurch oft nicht unerhebliche Mehrpreise entstehen.

e) **Nennleistung.** Die Nennleistung der Stromwandler ist in den VDE-Regeln durch die Werte 5, 15 und 30 VA entsprechend den Nennbürden 0,2; 0,6 und 1,2 Ω festgelegt. In jüngster Zeit haben sich die Nennleistungen von 45 VA (1,8 Ω) und 60 VA (2,4 Ω) in Klasse 1 in der Praxis ebenfalls gut eingeführt. Die Nennleistung der Stromwandler wählt man passend für die erforderliche Belastung (betriebsmäßige Bürde). Bei zu kleiner Bürde gegenüber der Nennbürde werden die Stromfehler gewöhnlich größer; sie können unter Umständen die geforderte Klassengenauigkeit überschreiten (s. S. 41).

f) **Frequenz.** Die Leistung eines Stromwandlers ist im Bereich von $16^2/_3 \ldots 100$ Hz angenähert proportional der Frequenz (ausführlicher s. auf S. 44).

g) **Meßgenauigkeit.** Klasseneinteilung (S. 39) und Wahl der Meßgenauigkeit der Stromwandler für Meß-, Zähl- und Relaiszwecke s. auf S. 41 u. 52).

h) **Überstromziffer.** Die Wandlerkerne für den Anschluß von Meß-geräten, Zählern, unabhängigen Überstromzeitrelais und Erdschlußrelais brauchen keine hohe Überstromziffer aufzuweisen. Die Kerne für Distanz-relais, abhängige Überstromzeitrelais und gegebenenfalls für Differential-relais müssen dagegen für eine möglichst hohe Überstromziffer ausge-legt sein, z. B. $n = 10...15$ (weitere Ausführungen s. auf S. 52).

i) **Kurzschlußfestigkeit.** Da die Stromwandler im Strompfad liegen und folglich allen Beanspruchungen der Kurzschlußströme ausgesetzt sind, bemißt man sie stets so, daß sie die höchsten Kurzschlußströme an ihrer Einbaustelle unter den obwaltenden Umständen unbedingt schadlos vertragen.

Bei den Stromwandlern muß man grundsätzlich zwischen dynami-scher und thermischer Kurzschlußfestigkeit unterscheiden.

Die dynamische Kurzschlußfestigkeit teilt man wiederum in eine innere und in eine äußere ein. Die innere dynamische Festigkeit ist bedingt durch die Anordnung der Wicklungen und durch die Größe der Windungszahl, die äußere dagegen durch die gegebene Umbruch-festigkeit der Isolatoren (Gruppe A, B oder C).

Durch zweckmäßigen Einbau der Wandler in den Leitungszug können die äußeren Kräfte, die von den Leitern her auf die Wandler einwirken, gesteuert werden.

Die thermische Kurzschlußfestigkeit hängt vom Querschnitt des primären wie auch des sekundären Leiters ab und wird durch die Größe und Dauer des Kurzschlußstromes bestimmt. Stoßkurzschlußströme und wiederholtes Einschalten auf bestehende Kurzschlüsse müssen durch entsprechende Zuschlagzeiten berücksichtigt werden (ausführ-licher s. im Kapitel H).

Wandler mit erhöhter Kurzschlußfestigkeit sind natürlich teurer als solche der üblichen Ausführung. Es müssen bei ihnen nämlich mehr oder teurere Werkstoffe aufgewendet werden.

k) **Isolationsart.** In geschlossenen Schaltanlagen sollte man den Einbau von Öl- oder Massestromwandlern wegen der Explosions-, Brand-und Qualmgefahr vermeiden und möglichst trockenisolierte Bauformen verwenden. Diese Aussage gilt besonders für Anlagen bis 30 kV Betriebs-spannung, bei denen die Kurzschlußströme infolge der verhältnismäßig niedrigen Betriebsspannung gewöhnlich sehr hoch ausfallen und leicht Zerstörungen verursachen. In elektrischen Anlagen mit Betriebsspan-nungen über 30 kV sind die Kurzschlußströme bei gleicher Kurzschluß-leistung wesentlich kleiner. Die Schaltanlagen werden überdies meist offen ausgeführt (Freiluftanlagen). Hier ist die Anwendung von öl-isolierten Stromwandlern unbedenklich, zumal wenn man bedenkt, daß die Stromwandler im Gegensatz zu den Schaltern keine beweglichen Teile aufweisen und betriebsmäßig keine Lichtbogen ziehen.

Trockenisolierte Stromwandler bis Reihe 30 sind mit wenigen Ausnahmen kaum teurer als öl- oder masseisolierte.

l) **Bauformen.** Für die Wahl der Wandlerform — Ein- oder
Mehrleiterwandler — mögen folgende Hinweise dienen:

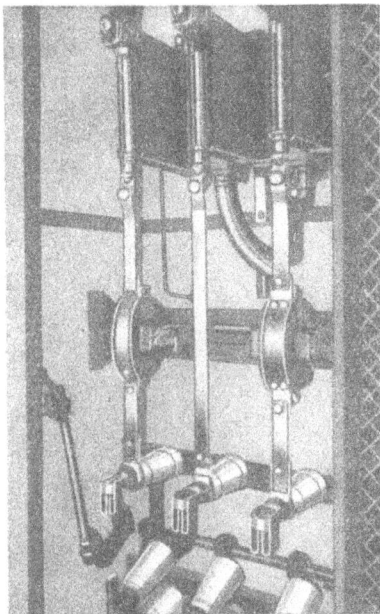

Abb. 90. Wickelwandler der Reihe 6,
eingebaut in eine Schaltzelle (AEG).

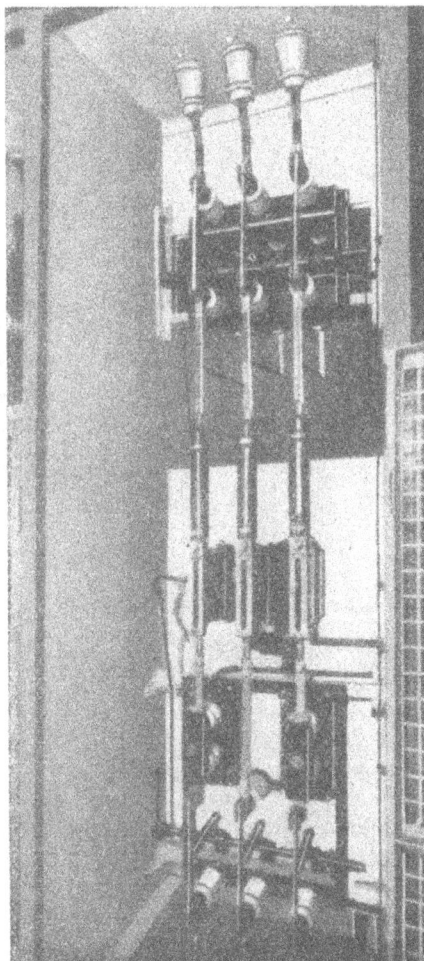

Abb. 90a. U-Rohr-Stromwandler der Reihe 10,
eingebaut in eine Schaltzelle (AEG).

Einleiterwandler sollte man überall dort verwenden, wo es
irgend möglich ist, insbesondere in solchen Anlageteilen, in denen sehr
große Kurzschlußströme auftreten können. In vielen Fällen der Praxis
dürfte es sogar besser sein, sich mit etwas kleinerer Leistung und geringerer Genauigkeit zu begnügen, als auf die Verwendung von Stab-
wandlern zu verzichten. Die Vorzüge der Einleiter-Stromwandler sind
im wesentlichen:

Abb. 90b. Stützer-Strom- und Spannungswandler Reihe 150,
eingebaut in eine Freiluftanlage (S & H).

α) Praktisch unbegrenzte innere dynamische Kurzschlußfestigkeit, da auf der Primärseite keine einzige geschlossene Windung vorhanden und die Sekundärwicklung gleichmäßig um den Primärleiter angeordnet ist.

β) Sehr hohe thermische Kurzschlußfestigkeit, da die Primärleiter von vornherein sehr reichlich bemessen sind und fast beliebig stark ausgelegt werden können.

γ) Anordnung von 2, 3 und sogar 4 Kernen ist leicht möglich.

δ) Sprungwellensicherheit; Überbrückungswiderstände fallen fort.

Als Nachteile der Einleiterwandler gelten:

α) Einleiterwandler können nur sekundärseitig umgeschaltet (angezapft) werden. Bei Umschaltung im Verhältnis 2:1 geht die Leistung bei gleichem sekundärem Nennstrom mindestens auf $\frac{1}{4}$ zurück.

β) Bei Nennströmen unter 100 A liegen die Einleiterwandler, wenn sie eine angemessene Leistung und Genauigkeit aufweisen sollen, preislich ungünstig, da für den Aufbau der Kerne meist hochpermeables Eisen (Nickeleisen) verwendet werden muß.

γ) Einleiterwandler mit Nennströmen unter 100 A erfordern auf der Sekundärseite meistens einen Nennstrom von 1 A statt 5 A (s. S. 26).

Die Leistungsfähigkeit der Einleiterwandler ist in den letzten Jahren infolge der Verwendung von Kunstschaltungen, Nickeleisenkernen oder Mischkernen stark gestiegen. Durch ihre unübertroffene Kurzschlußfestigkeit und praktisch gleiche Preislage verdrängen sie die Mehrleiter-Durchführungswandler immer mehr. Mehrleiter-Topf- oder -Stützerwandler leiden dagegen weniger unter dieser Konkurrenz, weil sie meist raumsparender sind und bei den niedrigen und mittleren Reihenspannungen preislich viel günstiger liegen als Durchführungswandler. In Anlagen mit nicht allzu großen Kurzschlußströmen, besonders in Industrieanlagen, werden diese Wandler aus den genannten Gründen gern bevorzugt (Abb. 90 u. 90a).

Die Abb. 90, 90a und 90b zeigen ausgeführte Anlagen mit Stromwandlern.

II. Spannungswandler.

K. Wirkungsweise der Spannungswandler.

1. Einleitung.

Spannungswandler sind Einphasen- oder Dreiphasentransformatoren in besonderer Ausführung mit verhältnismäßig kleiner Leistung. Sie arbeiten zum Unterschied von Leistungstransformatoren vorwiegend in einem Gebiet, das an den Leerlaufzustand angrenzt. Der Wirkungsgrad spielt bei ihnen nur eine untergeordnete Rolle; dagegen wird von ihnen eine hohe Übersetzungsgenauigkeit, d. h. kleine Spannungsfehler und kleine Fehlwinkel verlangt. Infolge der geringen inneren Verluste bieten die Spannungswandler in der Regel keine Erwärmungsschwierigkeiten; Einrichtungen für künstliche Kühlung sind also nicht nötig.

Die Spannungswandler dienen hauptsächlich dazu, die zu messende Spannung auf eine für die anzuschließenden Geräte, wie Zähler, Meß-, instrumente und Relais, geeignete Größe gleicher Frequenz umzuwandeln.

2. Grundgedanken.

Ähnlich wie die Stromwandler bestehen die Spannungswandler im einfachsten Fall aus einem lamellierten Eisenkern mit koaxial angeordneter Primär- und Sekundärwicklung. In Abb. 91 sind die Wicklungen

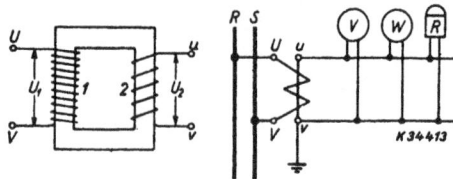

Abb. 91. Schematische Darstellung eines Einphasen-Spannungswandlers
mit Grundschaltbild.

der besseren Übersicht halber auf zwei Schenkel verteilt. Der Primärwicklung 1 wird die zu messende Netzspannung U_1 aufgedrückt; die in der Sekundärwicklung 2 induzierte Spannung U_2 treibt einen Strom durch die angeschlossenen Geräte, die untereinander grundsätzlich parallel geschaltet werden. Bei den Stromwandlern liegen die Geräte im Gegensatz hierzu stets in Reihe (Abb. 59).

Das Umwandeln der dem Spannungswandler aufgedrückten Spannung in eine für die Messung geeignete Größe erfolgt mittelbar durch den im Eisenkern resultierenden Hauptfluß. Das Verhältnis $\ddot{u}$ der primären Nennspannung U_1 zur sekundären Nennspannung U_2 ist dabei fast gleich dem Verhältnis der Windungszahlen, d. h.

$$\ddot{u} = \frac{U_1}{U_2} \approx \frac{w_1}{w_2} \quad \dots \dots \dots \dots \quad (21)$$

Der geringe Größenunterschied zwischen den Quotienten $\frac{U_1}{U_2}$ und $\frac{w_1}{w_2}$ ist durch die Spannungsabfälle im Wandler bedingt, die durch den **Erregerstrom** (Leerlaufstrom[1]) und den **Belastungsstrom** in den **Wirk-** und **Blindwiderständen** des Wandlers hervorgerufen werden. Diese Spannungsabfälle bewirken nicht nur einen Fehler der Größe nach (Spannungsfehler), sondern auch der Phasenlage nach (Fehlwinkel).

Der **Spannungsfehler** eines Spannungswandlers bei einer gegebenen primären Klemmenspannung ist die prozentuale Abweichung der sekundären Klemmenspannung von ihrem Sollwert, der sich aus der primären Klemmenspannung durch Division mit dem Nenn-Übersetzungsverhältnis ergibt. Der Fehler wird positiv gerechnet, wenn der tatsächliche Wert der sekundären Größe den Sollwert übersteigt. — Der **Fehlwinkel** ist bei Spannungswandlern die Phasenverschiebung der sekundären Klemmenspannung gegen die primäre Klemmenspannung (vgl. δ in Abb. 91a). Die Ausgangsrichtungen sind hierbei so vorausgesetzt, daß sich bei Fehlerfreiheit des Wandlers eine Verschiebung von 0^0 (nicht 180^0) ergibt. Der Fehlwinkel wird in Bogenminuten angegeben und positiv gerechnet, wenn die sekundäre Größe voreilt.

3. Strom- und Spannungsdiagramm.

Zum besseren Verständnis der physikalischen Zusammenhänge in einem Spannungswandler sei hier noch das entsprechende Strom- und Spannungsdiagramm kurz erläutert (Abb. 91a). Die meisten Werte bzw. ihre Vektoren sind hierbei übermäßig groß eingezeichnet, damit ihr Einfluß auf das Verhalten des Spannungswandlers anschaulicher gezeigt werden kann. Die Belastung (Bürde) des Spannungswandlers sei wie üblich aus Wirk- und Blindwiderstand zusammengesetzt. Ferner sei angenommen, daß die sekundäre Windungszahl gleich der primären Windungszahl ist; der Wandler habe also das Nenn-Übersetzungsverhältnis 1:1.

---

[1] Bei den Spannungswandlern kann im Gegensatz zu den Stromwandlern die Bezeichnung des Erregerstromes mit »Leerlaufstrom« widerspruchslos benutzt werden, weil der Spannungswandler im Leerlauf (offen) betrieben werden kann und weil der Erregerstrom im Normalbetrieb sich infolge der praktisch gleichbleibenden Netzspannung nur wenig ändert (vgl. a. die Fußnote auf S. 11).

Die Leistungsübertragung von der Primärwicklung in die Sekundärwicklung vermittelt der magnetische Fluß Φ, der bei gleichbleibender Spannung im Leerlauf und bei Belastung des Wandlers praktisch gleich groß ist. In Phase mit dem Fluß Φ ist der Magnetisierungsstrom I_m. Senkrecht dazu stehen der Verluststrom I_w sowie die beiden EMK E_2 und E_1. Aus dem Magnetisierungsstrom und dem Verluststrom setzt sich der Erregerstrom I_0 gemäß der Gleichung

$$I_0 = I_m \mathbin{\widehat{+}} I_w \ . \ . \ . \ (22)$$

zusammen.

Der durch die Belastung bedingte Sekundärstrom I_2 verursacht zunächst in der Sekundärwicklung den Ohmschen Spannungsabfall $I_2 r_2$ und den induktiven Spannungsabfall $I_2 x_2$. Werden diese von der EMK E_2 geometrisch abgezogen, so erhält man die sekundäre Klemmenspannung U_2. Der Winkel β gibt die Phasenverschiebung zwischen der Klemmenspannung U_2 und dem Sekundärstrom I_2 an. Er kennzeichnet den Charakter der Bürde und heißt Bürdenwinkel.

In der Primärwicklung fließt dabei außer dem Belastungsstrom I_2 noch der Erregerstrom I_0. Beide werden dem Netz entnommen und rufen ihrerseits in der Primärwicklung Spannungsabfälle hervor, die von der primären Klemmenspannung U_1 gedeckt werden müssen. Um nun auf U_1 zu kommen, müssen also die Spannungsabfälle $I_0 r_1$, $I_0 x_1$, $I_2 (r_1 + r_2)$ und $I_2 (x_1 + x_2)$ zu dem um 180° umgeklappten Vektor der sekundären Klemmenspannung $(-U_2)$ geometrisch addiert werden, oder umgekehrt, um auf die sekundäre Klemmenspannung $-U_2$ zu kommen, müssen von U_1 die genannten Spannungsabfälle geometrisch subtrahiert werden.

Zieht man von U_1 lediglich die Größen $I_0 r_1$ und $I_0 x_1$ ab (geometrisch!), so erhält man die sekundäre Klemmenspannung U_2 bei Leerlauf des Wandlers.

Der Winkel δ bildet die Phasenverschiebung zwischen den Vektoren U_1 und $-U_2$. Er wird als Fehlwinkel bezeichnet. Der Unterschied

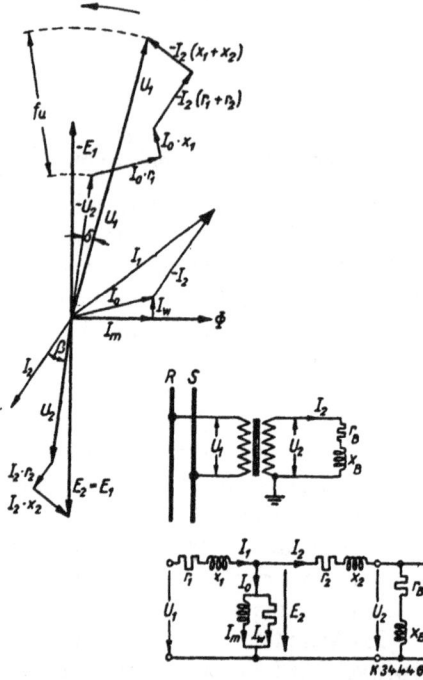

Abb. 91a. Vektordiagramm eines Spannungswandlers mit positivem Fehlwinkel δ. Übersetzungsverhältnis $\ddot{u} = 100/100 = 1:1$. Belastung ist aus Wirk- und Blindwiderstand zusammengesetzt (r_B und x_B). Grundschaltbild und Ersatzschaltbild.

zwischen den Absolutwerten U_1 und U_2 wird als Spannungsfehler f_u bezeichnet. Beide Werte, δ und f_u, sind hier übertrieben groß dargestellt. Die jeweils zulässigen Größen der Spannungsfehler und Fehlwinkel sind vom VDE genormt und aus der Zahlentafel IV auf S. 112 ersichtlich (vgl. a. Abb. 93 u. 94).

4. Haupteigenschaften.

Die Beherrschung der Fehlergrößen ist bei den Spannungswandlern im allgemeinen viel leichter als bei den Stromwandlern. Den Spannungswandlern wird nämlich im Normalbetrieb eine annähernd gleichbleibende Spannung aufgedrückt. Die Stromwandler werden dagegen von stark veränderlichen Stromstärken durchflossen. Bei den Spannungswandlern schwankt also die Induktion nur wenig, bei den Stromwandlern dagegen sehr stark. Der entsprechende Erregerstrom I_0 kann daher bei den Spannungswandlern mit der üblichen Nenninduktion von 6000...10000 Gauß die Fehlergrößen nur unwesentlich verändern. Die sehr kleinen Belastungsströme I_2, wie sie bei Spannungswandlern üblich sind, verursachen in Gemeinschaft mit den Wirk- und Blindwiderständen des Wandlers und der Bürde ebenfalls nur geringe Fehler. Aus Gründen der Wirtschaftlichkeit wird natürlich der Hersteller versuchen, in der Ausnützung von Kupfer und Eisen möglichst weit zu gehen.

Der Erregerstrom I_0 ändert sich ähnlich wie der Fluß Φ zwischen Leerlauf und Vollast nur wenig. Diese Aussage gilt für Wandler mit normaler Induktion bei den üblichen Schwankungen der Betriebsspannung. Die Verhältnisse werden wesentlich ungünstiger, wenn ungewöhnlich hohe Spannungssteigerungen auftreten, z. B. bei Netzerdschluß oder bei Kipperscheinungen an den Wandlern. In solchen Fällen kommt bei den Erdungs-Spannungswandlern (s. S. 103) die Induktion schon stark in das Gebiet der Eisensättigung (15000...20000 Gauß), wodurch der Erregerstrom nicht mehr angenähert proportional mit der Spannung ansteigt, sondern auf das Mehrfache seines normalen Wertes hinaufschnellt (Abb. 92). Auch der Belastungsstrom I_2

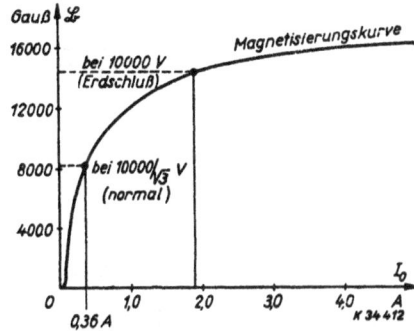

Abb. 92. Erregerstrom I_0 eines Erdungs-Spannungswandlers 10000 : $\sqrt{3}/100$: $\sqrt{3}$ V im Normalbetrieb und bei sattem Netz-Erdschluß. Die Werte des Erregerstromes beziehen sich auf die Sekundärseite des Wandlers bei der Nennspannung U_n. Bei $1{,}2 \cdot U_n$ erreicht der Erregerstrom im Erdschlußfalle etwa den 15 fachen Nennwert.

nimmt dabei nicht unerheblich zu, insbesondere wenn die Eisenkerne der angeschlossenen Geräte (Relais) durch die erhöhte Spannung ebenfalls eine Sättigung erfahren (vgl. Abb. 125). Durch diese Erscheinungen können die Fehlergrößen δ und f_u sehr ungünstig beeinflußt werden

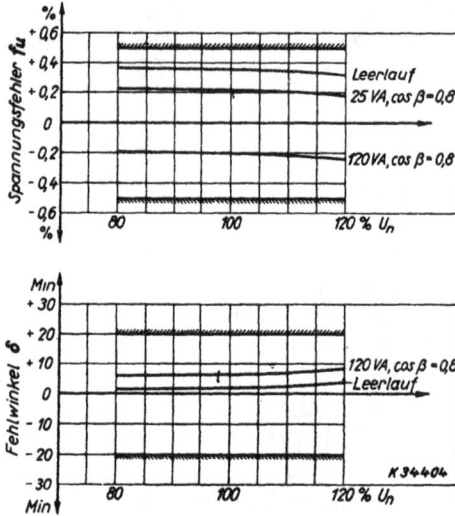

Abb. 93. Spannungsfehler und Fehlwinkel eines Spannungswandlers (Abb. 104) der Klasse 0,5 in Abhängigkeit von der Betriebsspannung.

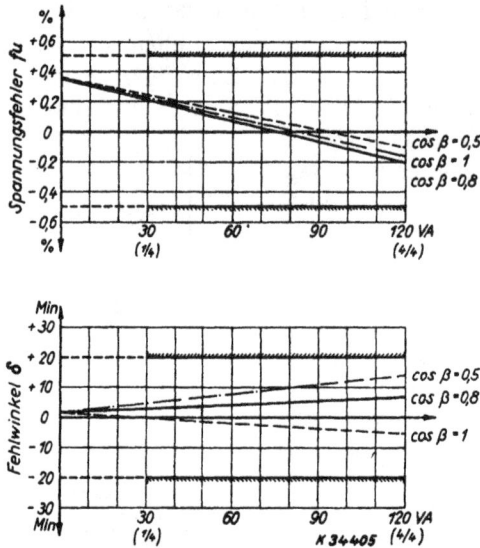

Abb. 94. Spannungsfehler und Fehlwinkel eines Spannungswandlers (Abb. 104) der Klasse 0,5 in Abhängigkeit von der Belastung bei Nennspannung sowie bei verschiedenen cos β.

(vgl. auch die Ausführungen auf S. 122). Hierauf muß bei der Messung von Leistung und Arbeit unbedingt Rücksicht genommen werden.

Die vom VDE festgelegten Fehlergrenzen gelten nur für Spannungen von 80...120% der Nennspannung des Wandlers (s. Abb. 93 und die Zahlentafel IV auf S. 112).

Die Abhängigkeit der Spannungsfehler und Fehlwinkel von der Belastung und Phasenverschiebung (cos β) ist aus Abb. 94 ersichtlich. Bemerkenswert ist dabei, daß bei normalen Wandlern die Spannungsfehler im Leerlauf positiv sind, bei Belastung dagegen negativ werden. Der Verlauf des Fehlwinkels wird dagegen mehr durch die Größe von cos β beeinflußt.

Das Abgleichen der Spannungswandler auf die zulässigen Spannungsfehler erfolgt üblicherweise durch Verändern der primären Windungszahl, zuweilen auch durch Änderung der sekundären Windungszahl. Der Fehlwinkel kann gegebenenfalls durch Vergrößern der Streuung oder durch zusätzliche Ohmsche Widerstände, die parallel zur Nutzbürde zu schalten sind, vermindert werden.

5. Spannungswerte.

Die Messung der Spannung in Drehstromnetzen erstreckt sich im wesentlichen auf die folgenden vier Grundgrößen (vgl. a. Abb. 95 u. 96):

a) **Dreieckspannung** (Leiterspannung, verkettete Spannung). Dreieckspannung U ist die Spannung zwischen je zwei Leitern (U_{RT}, U_{TS}, U_{SR}).

b) **Sternspannung** (Phasenspannung). Sternspannung U_{ML} ist die Spannung zwischen einem Leiter und dem elektrischen Schwerpunkt M des Spannungsdreiecks (U_{MR}, U_{MS}, U_{MT}).

c) **Leitererdspannung** (Erdspannung). Leitererdspannung U_{OL} ist die Spannung zwischen einem Leiter und der Erde O (U_{OR}, U_{OS}, U_{OT}).

d) **Sternpunkterdspannung** (Nullpunktspannung, Nullspannung). Sternpunkterdspannung U_M ist die Spannung zwischen dem elektrischen Schwerpunkt M und der Erde O (U_{OM}).

Diese Spannungsgrößen werden den Meßgeräten durch entsprechend geschaltete Spannungswandler vermittelt (s. S. 117 u. 118). Um die Begriffe und Bezeichnungen der Spannungsgrößen klar und sinnvoll darstellen zu können, seien für zwei Betriebszustände Ausschnitte aus einer Drehstromleitung mit den diesbezüglichen Vektordiagrammen herangezogen (Abb. 95 u. 96). In beiden Bildern ist je ein fernaufgestellter Generator angedeutet. E_R, E_s und E_T sind die elektromotorischen Kräfte in ihren drei Wicklungssträngen. Der Sternpunkt der Generatoren sei frei oder über hochohmige Blind- oder Wirkwiderstände an Erde gelegt.

In Abb. 95 ist ein symmetrisches Drehstromgebilde dargestellt. Zwischen dem elektrischen Schwerpunkt M des Drehstromsystems und der Erde O besteht kein Potentialunterschied. Über die Erde (vierter

Leiter) fließt also kein Strom $(I_M = 0)$. Die Sternspannungen $(U_{MR},$ $U_{MS}, U_{MT})$ sind daher gleich den Leitererdspannungen (U_{OR}, U_{OS}, U_{OT}).

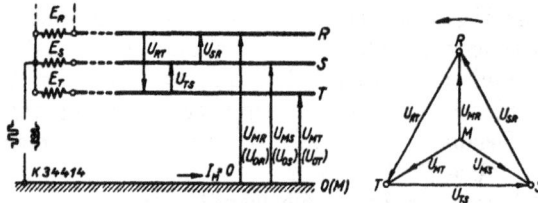

Abb. 95. Ausschnitt aus einer Drehstromleitung mit Vektordiagramm der meßbaren Spannungen (gleichseitiges Spannungsdreieck!). Die Pfeile im linken Bild sind keine Vektoren; sie deuten nur an, wo die einzelnen Spannungen abgegriffen sind.

Die Abb. 96 stellt ein stark unsymmetrisches Gebilde des Drehstromsystems dar. Die Leiter R und S seien wesentlich höher belastet als der Leiter T. Außerdem bestehe eine erhebliche Unsymmetrie der Kapazitäten der Leiter gegen Erde (Erdschluß über einen Widerstand!). Dadurch ist ein beträchtlicher Potentialunterschied zwischen dem Schwerpunkt des Systems und der Erde vorhanden (Nullpunktsverlagerung). Über

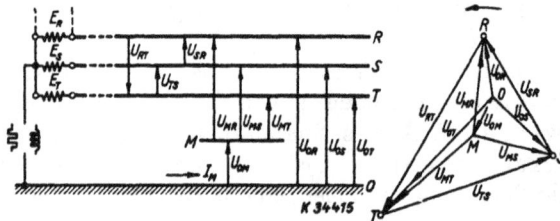

Abb. 96. Ausschnitt aus einer Drehstromleitung mit Vektordiagramm der meßbaren Spannungen (ungleichseitiges Spannungsdreieck!). Die Pfeile im linken Bild deuten an, wo die einzelnen Spannungen abgegriffen sind.

die Erde fließt nunmehr der Unsymmetriestrom I_M. Die Leitererdspannungen sind den Sternspannungen nicht mehr gleich.

Die vektorielle Zusammensetzung der einzelnen Spannungsgrößen geht aus den Spannungsdreiecken klar hervor. Weitere Ausführungen dürften sich daher erübrigen.

Die Leitererdspannung U_{OL} und die Sternpunkterdspannung U_M werden hauptsächlich in der Schutztechnik (Erdschlußrelais, Distanzrelais u. dgl.) benötigt. Zuweilen benutzt man die Leitererdspannung U_{OL} auch in der reinen Meßtechnik, z. B. bei Leistungsmessern und Zählern (s. S. 121).

L. Aufbau und Ausführungsformen der Spannungswandler.

Die Bauweise der Spannungswandler wird wie die der Stromwandler durch die Form des Eisenkernes, die Anordnung der primären und sekundären Wicklungen und insbesondere durch die Art der Isolierung bestimmt.

Noch vor ein paar Jahren gab es auf dem Gebiete der Spannungswandler nur wenige verschiedene Ausführungen. Heute ist die Vielgestalt der Spannungswandler bald genau so groß wie die der Stromwandler. Die grundlegende Umstellung wurde im wesentlichen durch das Bedürfnis nach unbrennbaren Wandlern und nach Ölwandlern mit kleinen Abmessungen bzw. kleinerem Gewicht bedingt. Die neuen Konstruktionen haben inzwischen die dem Leistungs-Transformatorenbau nachgeahmten alten Ausführungsformen so ziemlich vom Markt verdrängt.

In der Entwicklung neuartiger Spannungswandler steht Deutschland ähnlich wie bei den Stromwandlern zur Zeit an der Spitze aller Länder.

1. Ausführung der Eisenkerne.

Die Eisenkerne der Einphasen-Spannungswandler werden vorwiegend als Schenkelkerne (Abb. 9) oder als Mantelkerne (Abb. 10) ausgeführt. Bei den Dreiphasen-Spannungswandlern (Abb. 130 u. 132) benutzt man heute zumeist Fünfschenkelkerne (Abb. 97a). Dreischenkelkerne (Abb. 97b) werden nur noch selten angewendet. Wandler mit Dreischenkelkernen ersetzt man zweckmäßig durch z w e i doppelpolig isolierte Spannungswandler (V-Schaltung, Abb. 127a u. 136a) oder durch d r e i Einphasen-Erdungs-Spannungswandler bzw. durch ei- nen Dreiphasen-Erdungs-

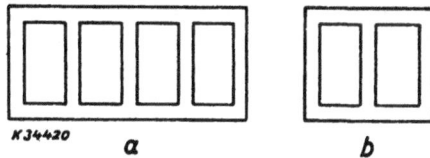

Abb. 97. Fünfschenkelkern (a) und Dreischenkelkern (b). Die äußeren Schenkel und Fenster des Kernes a können auch schwächer bzw. kleiner ausgeführt werden.

Spannungswandler mit magnetischem Rückschluß (S. 118 u. 119). Dreiphasenwandler mit Dreischenkelkern erlauben nur die Messung der Dreieckspannungen. Weitere Ausführungen hierüber s. auf S. 118.

Als Baustoff für die Kerne wird mittel- oder hochsiliziertes Eisenblech (0,5 bzw. 0,35 mm Stärke) mit verhältnismäßig hoher Permeabilität und kleiner Verlustziffer angewendet. Nickeleisenlegierungen kommen bei Spannungswandlern für Schaltanlagen nicht in Frage, denn sie bieten bei deren verhältnismäßig hohen Nenninduktion von 6000...10000 Gauß keine technischen Vorteile mehr; außerdem sind sie auch wesentlich teurer als Siliziumeisen.

Um den Erregerstrom bzw. den Magnetisierungsstrom der Spannungswandler klein zu halten, werden bei den hier genannten Kernausführungen die gleichen konstruktiven Mittel wie bei den Stromwandlern angewendet, d. h. versetzte Stoßfugen der Eisenbleche, kleiner Eisenweg und genügend großer Eisenquerschnitt der Kerne.

Neuerdings verwendet die AEG nach einem Vorschlag von Biermanns bei den einpolig geerdeten Trocken-Spannungswandlern für die Reihenspannungen 60...200 kV (Abb. 119) einen Eisenkern, der in einzelne Kernstücke aufgelöst ist und bei dem die magnetischen Kraftlinien ihren Weg teilweise durch die Luft nehmen. Die einzelnen Kernstücke erhalten dabei das Potential der benachbarten Wicklungsteile. Der magnetische Widerstand und mithin der Erregerstrom werden durch besondere konstruktive und schaltungstechnische Mittel klein gehalten[1]).

2. Ausführung der Wicklungen.

Die Primärwicklungen der Spannungswandler werden heute vorwiegend lagenweise mit Zwischenlagen von Papier gewickelt. Scheibenwicklungen benutzt man nur bei Wandlern, bei denen die Anordnung der Wicklungen räumlich freizügiger sein kann. Zuweilen unterteilt man die Primärwicklung in zwei oder mehrere Teilspulen und schaltet diese in Reihe. Dadurch wird die Gesamtspannung auf mehrere Stufen verteilt (vgl. z. B. die Abb. 111 u. 111a). Wandler in Kaskadenschaltung erhalten grundsätzlich eine Spulenunterteilung[2]).

Als Drahtmaterial kommt Kupfer mit etwa 0,1...0,5 mm Dmr. in Betracht. Für die Wahl des Drahtquerschnittes ist in den meisten Fällen weniger die Erwärmung des Wandlers, als vielmehr die Größe der Spannungsabfälle und damit der Meßfehler bestimmend. Die mechanische Festigkeit des Drahtes spielt hierbei natürlich auch eine gewisse Rolle.

Primär umschaltbare Spannungswandler (Verhältnis 1:2) werden nur selten ausgeführt. Sie besitzen vier Hochspannungsisolatoren (Abb. 98 u. 99) und bilden eine geeignete wirtschaftliche Lösung nur für den Fall einer Netzspannungsumstellung, z. B. für die Umstellung der Spannung von 15 kV auf 30 kV oder von 5 kV auf 10 kV. Nennleistung und Meßgenauigkeit bleiben dabei erhalten.

Die Sekundärwicklung führt man gewöhnlich in einer Spule in Lagenwicklung aus. Sie wird meist mit einer Anzapfung[3]) versehen. Dadurch können zwei sekundäre Nennspannungen (100 und 110 V) gewonnen werden (Abb. 100, vgl. auch die Ausführungen auf S. 112).

---

[1]) R. Küchler, Ein neuer Trockenspannungswandler für höchste Spannungen, ETZ 1937, S. 203.

[2]) W. Reiche, Kaskadenspannungswandler, ATM 1933, Z 387—1.

[3]) Umschaltbare Sekundärwicklungen kommen nur ganz selten vor.

Manchmal werden auch zwei Sekundärwicklungen für getrennten Anschluß von Meßgeräten und Relais ausgeführt. Für die Sekundärwicklung wird gewöhnlich Kupferdraht (lackiert oder umsponnen) von

Abb. 98. Primär umschaltbarer Ölspannungswandler der Reihe 30 (S & H).

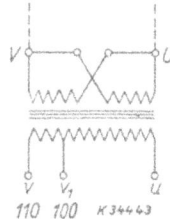

Abb. 99. Primäre Umschaltung 2:1. Sekundärwicklung mit Anzapfung.

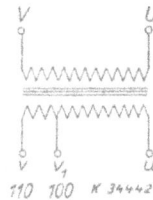

Abb. 100. Sekundärwicklung für zwei Nennspannungen. Klemmenbezeichnung nach
RET 0532, § 59.

1...2 mm Dmr. benutzt. Bei den Wandlern für hohe Nennleistungen
wendet man zur besseren Ausnutzung des Wickelraums zuweilen auch
Flachkupferdraht an. Der Querschnitt beträgt hier bisweilen 10 bis
40 mm² Cu.

3. Art der Isolierung.

Die Spannungswandler werden für alle Reihenspannungen von
0...200 kV gebaut und vornehmlich mit Trocken- oder Ölisolation ausgeführt. Masseisolation wird nur noch vereinzelt angewendet, und nur
für kleine Reihenspannungen (bis 10 kV). Ähnlich wie bei den Stromwandlern sind auch bei den Spannungswandlern Bestrebungen im
Gange, das Öl durch weniger brandgefährliche Isoliermittel, wie Clophen,
Pyranol u. dgl. zu ersetzen.

Die Trockenspannungswandler mit reiner Porzellanisolation
sind explosions- und brandsicher. Die Qualmgefahr, die bei ihnen gelegentlich eines Schadens eigentlich nur durch das Verkohlen der Be-
spinnung der Primär- und Sekundärleiter entstehen kann, ist gegenüber
den Öl- und Massewandlern praktisch bedeutungslos. Porzellanisolierte
Wandler haben meistens noch den Vorzug, daß sie in einer Anlage be-

7*

liebig befestigt werden können (auch hängend) und daß sie überdies keiner weiteren Wartung, wie Ölbehandlung u. dgl. bedürfen.

Trockenspannungswandler mit Papierisolation (imprägnierter Zellulosewerkstoff) sind ebenfalls explosionssicher. Die Brand- und Qualmgefahr ist bei ihnen gleichfalls geringer als bei den Öl- und Massewandlern.

Als Reihen-, Betriebs- und Prüfspannungen gelten für Spannungswandler die gleichen Werte wie für Stromwandler, vgl. die Zahlentafel I. Die im Vergleich mit den Stromwandlern zusätzlich erforderliche Windungsprobe der Primärwicklung ist bei den Reihen bis 30 kV gleich der 2,5fachen Nennspannung (Dreieckspannung). Sie ist somit höher als bei den Leistungstransformatoren. Bei den höheren Reihen sind die Windungsprobe-Prüfspannungen für Spannungswandler und Leistungstransformatoren gleich groß ($2 \cdot U_n$). Die Erdungsspannungswandler werden nur der Windungsprobe unterworfen.

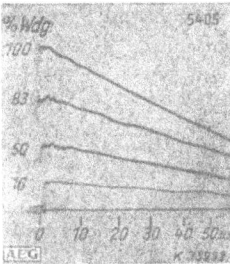

Abb. 101. Verlauf der Stoßwelle in der Wicklung des Erdungs-Spannungswandlers nach Abb. 120.

Gegen die Sprungwellengefahr benutzt man bei den Spannungswandlern entweder verstärkte Isolation der Eingangswindungen oder neuerdings in wirksamerer Weise den sog. schwingungsfreien Aufbau, d. h. die kapazitive Durchkopplung der gesamten Primärwicklung. In Abb. 101 ist der zeitliche Verlauf einer Stoßwelle dargestellt, mit der ein schwingungsfreier Trockenspannungswandler (Abb. 120) beschickt wurde. Die Messung der Spannung wurde dabei gleichzeitig am Anfang und an drei Anzapfungen vorgenommen. Aus den Oszillogrammen ist ersichtlich, daß zu jedem Zeitpunkt die Höhe der Spannung der Windungszahl etwa proportional ist. Anfangs- und Endverteilung der Spannung sind dabei praktisch gleich, d. h. es treten keinerlei Schwingungen auf.

Auch bei den Spannungswandlern werden von einigen Abnehmern Prüfungen mit Stoßgleichspannung verlangt (vgl. S. 30).

Die Prüfspannung für die Sekundärseite gegen Erde beträgt einheitlich 2000 V bei 50 Hz.

Das beste Kriterium für das Verhalten der Wandlerisoliermittel liefert der Verlauf des Verlustwinkels in Abhängigkeit von der angelegten Spannung, d. h. die Messung der dielektrischen Verluste. Der bis noch in die jüngste Zeit vertretene Standpunkt, daß man Trockenspannungswandler nicht mit der gleichen Sicherheit wie ölisolierte Wandler herstellen kann, muß als überwunden gelten. Abb. 102 zeigt die Kennlinie des Verlustwinkels eines doppelpolig isolierten Spannungswandlers der Reihe 20 mit reiner Porzellanisolation. Die Verlustfaktorkurve verläuft hier bis zur vollen Prüfspannung durchaus geradlinig, ohne einen Ionisationsknick aufzuweisen. Ionisationsverluste konnten

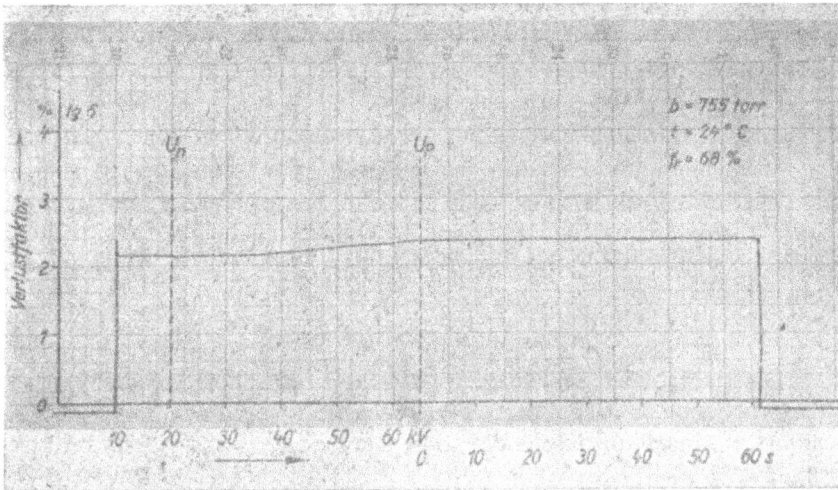

Abb. 102. Verlustfaktorkurve, aufgenommen an einem Trocken-Spannungswandler nach Abb. 110
mit dem C-tg δ-Schreiber nach Abb. 103.

auch bei Dauerprüfungen über mehrere Stunden mit voller Prüfspannung
nicht festgestellt werden. Die Kurve nach Abb. 102 wurde mit dem Ver-
lustwinkelschreiber von S & H aufgenommen[1]) (Abb. 103). Das ältere

---

[1]) W. Geiger, Über die Verwendung des C-tg-δ-Schreibers in Verbindung
mit der Schering-Meßbrücke, Arch. Elektr. 1937, S. 115. — G. Keinath, Verlust-
faktor-Messung an Hochspannungsapparaten, ATM 1934, V 339—11; Spannungs-
prüfung durch Verlustwinkelmessung, ATM 1935, V 339—13. — G. Keinath,
Spitzenleistungen der neuzeitlichen Meßtechnik, ETZ 1936, S. 81.

Abb. 103. Ausführungsform des C-tg δ-Schreibers von S & H (Kompensations-
Schnellschreiber mit Röhrenverstärker).

Meßverfahren mit der Schering-Brücke allein ist viel umständlicher und weniger zweckmäßig, da die Verlustwerte nur punktweise aufgenommen werden können.

Die Messung des Verlustwinkels wird man in der Praxis aus wirtschaftlichen Gründen vorerst nur bei Typenprüfungen vornehmen.

Maßgebend für die Güte der Isolation eines Wandlers ist weniger die Größe des Verlustwinkels (0,5...3% bei Nennspannung) als vielmehr sein Verlauf mit steigender Spannung (Ionisationsknicke) und in noch größerem Maße der Verlauf bei konstanter Spannung in Abhängigkeit von der Zeit.

4. Ausführungsformen.

Die Benennung der Spannungswandler nach der Art der Isolierung hat sich in der Praxis als zweckmäßig erwiesen und gut eingeführt. Danach unterscheidet man zur Zeit Trocken-, Öl- und Massewandler.

Die Unterteilung der Spannungswandler nach der Bauform, wie Topf- und Stützerspannungswandler, ist heute bei der Vielgestalt der

Abb. 104. Ölarmer Spannungswandler
der Reihe 20 (AEG).

Abb. 105. Öl-Spannungswandler
der Reihe 20 (K & St).

Ausführungen nahezu wertlos geworden, denn es dürfte sicherlich schwer fallen, die Wandler nach den Abb. 110...113 zu einer von diesen beiden Bauformen zu zählen.

Besser ist schon die Unterscheidung der Spannungswandler nach der Art ihres Anschlusses an das Netz, d. h. ob die Wandler zwischen die Leiter oder zwischen Leiter und Erde angeschlossen werden. Durch sie kennzeichnet man außer der Anschlußart gleichzeitig den Abbau der Spannung längs der Wicklung und mithin den Charakter der Spannungsmessung (Dreieckspannung oder Leitererdspannung). Diese

Einteilung berücksichtigt zwei Ausführungsformen: vollisolierte Spannungswandler und Erdungsspannungswandler. Zur ersten Gruppe gehören die doppelpolig isolierten Ein phasenspannungswandler (Abb. 104...106, 110, 112 u. 113) sowie die einfachen Dreiphasenspannungswandler ohne magnetischen Rückschluß[1]) (vgl. den Kern nach Abb. 97b und die dazugehörigen Ausführungen). Zur zweiten Gruppe zählen die Einphasen-Erdungsspannungs wandler (Abb. 107...109, 114, 116, 117 u. 120) und die Dreiphasen-Erdungs spannungswandler mit magnetischem Rückschluß (Abb. 130...133), also Wandler, bei denen der eine Pol bzw. der Sternpunkt hochspannungsseitig starr zu erden ist. Über die Schaltungen, die Anwendungsgebiete und die zweckmäßige Auswahl der einzelnen Wandlerformen wird in Kapitel N berichtet.

Abb. 106. Ölarmer Spannungswandler in Freiluftausführung der Reihe 45 (S & H).

Die ölgefüllten Spannungswandler haben in bezug auf Ölmenge, Gewicht, Leistung und Betriebssicherheit heute schon die Grenzen des Möglichen erreicht. Die Entwicklung ist hier so ziemlich abgeschlossen, und weitere Überraschungen in dieser Richtung dürften in der nächsten Zeit kaum mehr zu erwarten sein.

Die neuen Ölwandler können gegenüber älteren Ausführungen mit gutem Recht als ölarm bezeichnet werden, denn in manchen Fällen beträgt die erforderliche Ölmenge nur noch 10% von der ursprünglichen. Diese Aussage gilt sowohl für die vollisolierten Spannungswandler (Abb. 104...106) als auch für die Erdungsspannungswandler (Abb. 107 bis 109). — Angewendet werden die Ölspannungswandler hauptsächlich in Freiluftanlagen. Für Innenanlagen benutzt man sie zuweilen auch noch, was zum Teil darauf zurückzuführen ist, daß sie preislich günstiger liegen als die trockenisolierten Spannungswandler.

Die Entwicklung auf dem Gebiete der Trockenspannungswandler ist zur Zeit noch in Fluß, vornehmlich bei den doppelpolig isolierten Ausführungen. So konnten solche Wandler erst in den letzten drei Jahren auf den Markt gebracht werden (vgl. die Abb. 110...113).

Erdungsspannungswandler mit Trockenisolation werden schon seit mehreren Jahren mit recht gutem Erfolg ausgeführt.

---

[1]) Der Sternpunkt auf der Hochspannungsseite darf nicht geerdet werden, da solche Wandler sich bei Netz-Erdschluß ungünstig verhalten (s. S. 118).

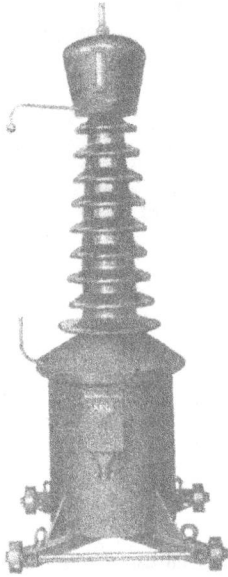

Abb. 107. Erdungs-Spannungswandler der
Reihe 100 mit Ölisolation (AEG).

Abb. 108. Stützer-Erdungs-Spannungswandler
der Reihe 200 mit Ölisolation (K & St). Kaskadenschaltung.

Abb. 109. Stützer-Erdungs-Spannungswandler der Reihen 60 und 150 mit Ölisolation (S & H).

Abb. 110. Doppelpolig isolierte Trockenspannungswandler der Reihen 10...30 (AEG).

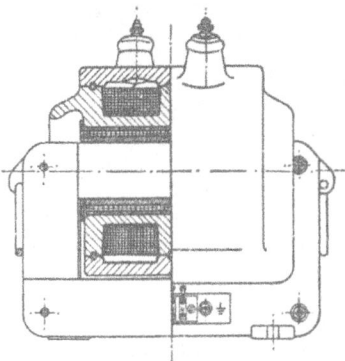

Abb. 111. Teilschnitt eines doppelpolig isolierten Trockenspannungswandlers der AEG nach Abb. 110.

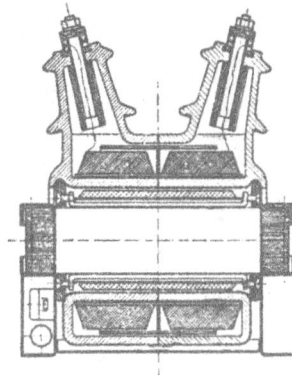

Abb. 111a. Schnittzeichnung der Spannungswandler nach Abb. 112 (K & St).

Abb. 112. Doppelpolig isolierte Trockenspannungswandler der Reihen 10...30 (K & St)

Die ersten porzellanisolierten Ausführungen wurden 1928 von
F. J. Fischer angegeben[1]) (Abb. 114 u. 115). Diese Wandler sind im
wesentlichen dadurch gekennzeichnet, daß Spulenkörper und Isolator
für die Hochvoltwicklung ein einziges Porzellanstück darstellen und daß
die volle Spannung an der Hochvoltwicklung von innen nach außen hin
längs der beiden Porzellanflanschflächen gleichmäßig gegen Erde ab-

Abb. 113. Doppelpolig isolierte Trockenspannungswandler der Reihen 10...30 (S & H).

gebaut wird (Abb. 115). Die innerste Lage der Hochvoltwicklung besitzt
also das volle Potential gegen Erde, während das Ende der äußersten
Lage an Erde liegt. Der Fensterquerschnitt des Mantelkernes fällt
infolgedessen sehr klein aus und mithin auch der Wandler selbst. Für
die Reihenspannungen über 45 kV baut die Firma Koch & Sterzel diese
Wandler in Kaskadenschaltung (Abb. 116).

Bei der S & H-Bauart ist die Hochvoltspule in Scheiben gewickelt
und in einen U-förmigen Spulenkörper aus Porzellan eingebettet. Hier
nimmt das Potential gegen Erde von oben nach unten ab (Abb. 117
u. 118).

Der Trockenspannungswandler nach Biermanns besteht aus
mehreren zylinderförmigen Eisenstümpfen, um die je eine für 10 kV
Betriebsspannung bemessene Oberspannungswicklung *a* gelegt ist
(Abb. 119 u. 120, vgl. a. die Ausführungen auf S. 98). Ein Wandler für
die Reihe 100 besteht z. B. aus zehn solchen Stümpfen (1...10) mit Teil-

---

[1]) F. J. Fischer, Trocken-Spannungswandler, Koch u. Sterzel-Mitt. 1930,
Heft Nr. T 17; Trocken-Meßwandler, Koch u. Sterzel-Mitt. 1931, Heft Nr. T 17.

Abb. 114. Trockenisolierte Erdungs-Spannungswandler der Reihen 10...45 nach
F. J. Fischer (K & St).

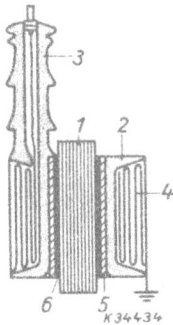

1 Eisenkern
2 Sog. Garnrolle } einteiliger Porzellankörper
3 Isolator
4 Primärwicklung (Lagenwicklung)
5 Sekundärwicklung
6 Spulenkörper der Sekundärwicklung

Abb. 115. Schnittzeichnung der Spannungswandler nach Abb. 114 (K & St).

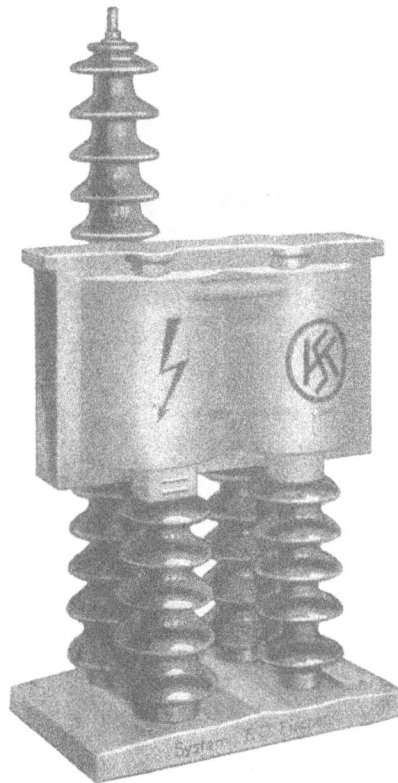

Abb. 116. Trockenisolierter Erdungs-Spannungswandler der Reihe 100 nach F. J. Fischer
in Kaskadenschaltung (K & St).

Abb. 117. Trockenisolierte Erdungs-Spannungswandler der Reihen 10...30 (S & H).

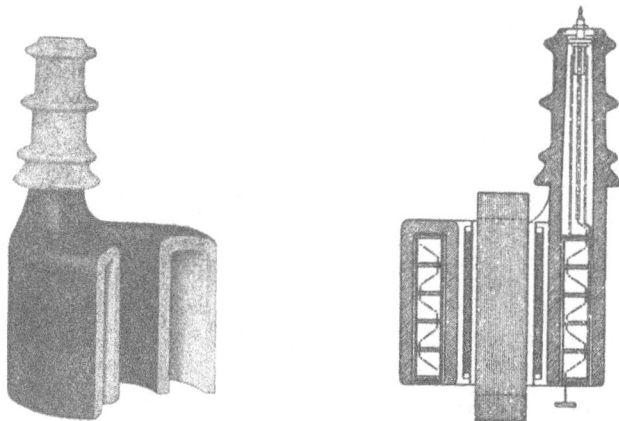

Abb. 118. Schnitt und schematischer Aufbau der Trockenspannungswandler
nach Abb. 117 (S & H).

spulen, die aufeinander geschichtet sind. Zwischen die einzelnen Stümpfe ist eine Isolierplatte aus Hartpapier c eingelegt. Die Wicklungen der Stümpfe sind in Reihe geschaltet. Auf dem letzten, geerdeten Stumpf ist die Sekundärwicklung b angeordnet. Die ganze Säule wird schließlich mit einem Schutzmantel aus Hartpapier oder Porzellan um-

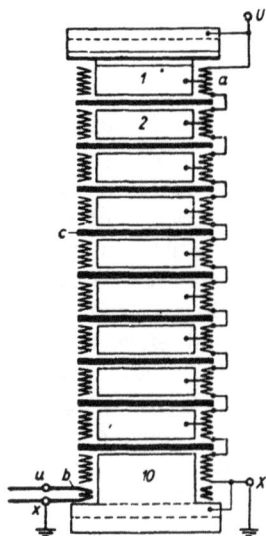

Abb. 119. Grundschaltung und Aufbau des Erdungs-Spannungswandlers der Reihe 100 nach Abb. 120 (AEG).

Abb. 120. Trockenisolierter Erdungs-Spannungswandler der Reihe 100 (AEG).

hüllt (Abb. 120). Der Mantel kann auch fortgelassen werden, denn die Isolation gegen Erde wird ausschließlich von den Zwischenplatten wahrgenommen.

Die Steuerung des elektrischen Feldes bietet bei den Erdungsspannungswandlern eigentlich keine besonderen Schwierigkeiten; man baut hier das Potential gleichmäßig gegen Erde ab. Heute sind Erdungsspannungswandler mit Trockenisolation schon für die Reihenspannungen von 3...100 kV und darüber hinaus bekannt (Abb. 116 u. 120).

Schwieriger liegen die Verhältnisse bei den vollisolierten, d. h. bei den doppelpolig isolierten Spannungswandlern (Abb. 110, 112 u. 113), bei denen normalerweise die volle Dreieckspannung zwischen zwei Leitern abgebaut werden muß und bei denen die Primärwicklung der vollen Reihenprüfspannung ausgesetzt wird. Trockenspannungswandler dieser Art sind erst in jüngster Zeit auf den Markt gekommen, und zwar nur für die Reihenspannungen 3...30 kV. Sie werden meist in der V-Schaltung zur Messung der Dreieckspannungen verwendet.

Bei den Trockenspannungswandlern ist es von besonderer Bedeutung, Lufteinschlüsse und das Eindringen von Feuchtigkeit in die Hochvoltwicklung zu vermeiden. Diesem Umstand wird durch Sonderimprägnierverfahren Rechnung getragen. Auch für die Lagenisolation der Hochvoltwicklung sowie für die Isolation dieser gegen die Sekundärwicklung und Erde sind bei den Trockenspannungswandlern Sondermittel erforderlich (Umbördelung des Lagenisolierpapiers, Vermeidung des Hintereinanderschaltens verschiedener Dielektrika durch zweckmäßige Metallisierung usw.).

Der Wunsch, Ölspannungswandler durch ölfreie zu ersetzen, ist nicht in dem Maße gerechtfertigt wie bei Stromwandlern. Die Stromwandler liegen nämlich im Kurzschlußpfad und sind der thermischen und dynamischen Gefahr durch Kurzschlußströme ausgesetzt[1]), während die Spannungswandler lediglich im Nebenschluß zum Hauptstrompfad liegen und eigentlich nur der Spannungsgefahr ausgesetzt sind. Erfüllen die Ölspannungswandler die VDE-Prüfvorschriften REW 1932, so dürften bei ihnen praktisch keine Störungen auftreten. Überdies ist, wie bereits ausgeführt, bei den neuesten Wandlerausführungen die Ölmenge auf das zur inneren Isolation unbedingt erforderliche Mindestmaß schon herabgesetzt worden. Erforderlichenfalls kann das Öl durch weniger brandgefährliche Flüssigkeiten, wie Clophen; Pyranol usw., ersetzt werden.

Abb. 121. Kombinierter Strom- und Spannungswandler der Reihe 200 mit Ölfüllung (AEG).

Außer den hier besprochenen »transformatorischen« Spannungswandlern gibt es noch »kapazitive[2]) Spannungswandler« und »Widerstands[3])-Spannungswandler«. Da diese nur ganz selten angewendet werden, so dürfte ein Hinweis auf das entsprechende Schrifttum genügen.

Für Reihenspannungen von 60...200 kV ist es in manchen Fällen zweckmäßig, den einpolig geerdeten Spannungswandler mit dem dazugehörigen Stromwandler in einem Gehäuse zu vereinigen (Abb. 121, 122 u. 123). Dadurch wird eine Durchführung und eine Menge Öl gespart. Das gemeinsame Gehäuse ermöglicht außerdem Einsparungen in der

---

[1]) Insbesondere in Anlagen mit großen Kurzschlußströmen (bis etwa 30 kV).
[2]) G. Keinath, Messung von Wechselspannungen mit Kondensatoren, ATM 1934, V 3333—3.
[3]) A. Imhof, Ein neuer Spannungswandler für Höchstspannungen, E. u. M. 1928, S. 1074.

Grundfläche und an der Leiterführung. Bei einem derartigen Wandlersatz sind Strom- und Spannungswandler übereinander angeordnet.

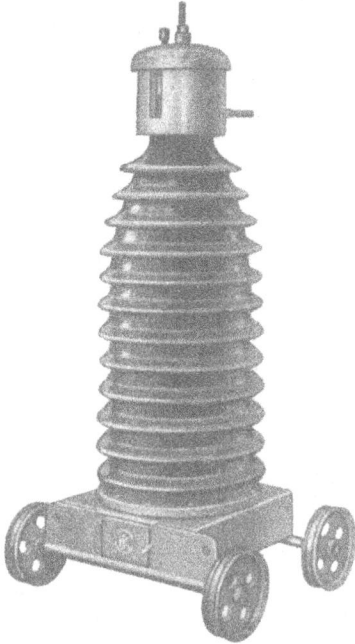

Abb. 122. Kombinierter Strom- und Spannungswandler der Reihe 200 mit Ölfüllung (K & St).

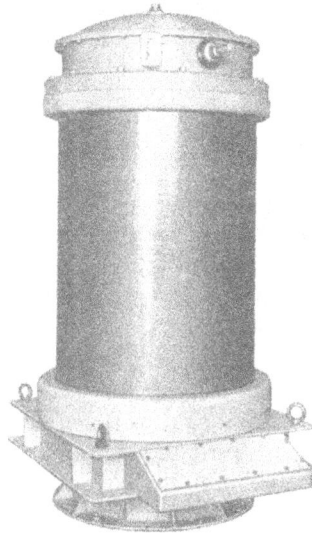

Abb. 123. Kombinierter Strom- und Spannungswandler der Reihe 100 mit Ölfüllung (S & H).

Der Stromwandler bietet so den Vorteil der bequemen Leitungsführung, während der Spannungswandler, untenliegend, eine einfache starre Erdung ermöglicht.

M. Meßtechnische Eigenschaften der Spannungswandler.

1. Meßgenauigkeit und Klasseneinteilung.

In den VDE-Regeln von 1932 sind ausführliche Angaben über die Meßgenauigkeit der Spannungswandler enthalten. Die Spannungswandler werden dort hinsichtlich der Spannungsfehler und Fehlwinkel in die Klassen 0,2; 0,5; 1 und 3 eingeteilt. Zahlentafel IV zeigt die Grenzen, innerhalb deren die Spannungsfehler und Fehlwinkel im Spannungsbereich von 80...120% der Nennspannung und bei Leistungen zwischen $\frac{1}{4}$ und $\frac{4}{4}$ der auf dem Spannungswandler angegebenen Nennleistung[1],

---

[1]) Nennleistung ist die Scheinleistung in VA, die der Wandler bei Nennspannung und cos $\beta = 0,8$ abgeben kann, ohne daß die zulässigen Fehlergrenzen der betreffenden Klasse überschritten werden.

bezogen auf den sekundären Leistungsfaktor cos $\beta = 0,8$, liegen müssen. Der der Nennleistung bei Nennspannung entsprechende Widerstand im Sekundärkreis wird bei Spannungsänderung von $0,8...1,2\ U_n$ unverändert gelassen.

Zahlentafel IV.

Klasse	Spannungsfehler in %	im Spannungs-bereich	Fehlwinkel in Min.	im Spannungs-bereich
0,2	$\pm$ 0,2	$0,8...1,2\ U_n$	$\pm$ 10	$0,8...1,2\ U_n$
0,5	$\pm$ 0,5	$0,8...1,2\ U_n$	$\pm$ 20	$0,8...1,2\ U_n$
1,0	$\pm$ 1,0	$0,8...1,2\ U_n$	$\pm$ 40	$0,8...1,2\ U_n$
3,0	$\pm$ 3,0	$1,0\ U_n$	—	—

Ist beispielsweise ein Spannungswandler für die Nennspannung 6000/100 V ausgelegt, so kann er im Betrieb auch für 6600/110 V verwendet werden; denn gemäß den VDE-Regeln muß er sogar das 1,2fache der Nennspannung dauernd vertragen und bis zu dieser Spannungshöhe auch die zulässigen Fehlergrenzen unbedingt einhalten.

In Anlagen, deren Nennbetriebsspannung gleich einer Reihenspannung ist und die außerdem den VDE-Regeln genügen sollen, kann jedoch die 20proz. Überlastungsfähigkeit der Wandler nicht voll ausgenützt werden, da die größte vorkommende Spannung während des Betriebes die Reihenspannung gemäß der Zahlentafel I nur um höchstens 15% überschreiten darf. Ein Wandler der Reihe 10 mit der Nennspannung 10000/100 V kann nur bis zu einer höchsten Betriebsspannung von 11500/115 V benutzt werden. Für 12 kV Betriebsspannung sind bereits Wandler der Reihe 20 zu wählen.

Die sekundäre Nennspannung der Wandler ist mit 100 V genormt. Diesen Nennwert sollte man zwecks einheitlicher Herstellung und Lagerhaltung der Wandler sowie der runden Zahl des Übersetzungsverhältnisses halber gegenüber dem früheren Nennwert von 110 V bevorzugen. Leider werden die Wandler auch heute noch oft mit der sekundären Nennspannung 110 V bestellt. Um eine doppelte Lagerhaltung zu vermeiden, liefern notgedrungen einige Herstellerfirmen die neuesten Wandlerausführungen grundsätzlich für zwei Sekundärnennspannungen, d. h. für 100 und 110 V (vgl. Abb. 100).

Die genormten Primärnennspannungen nach der Zahlentafel V haben sich dagegen gut eingeführt.

Zahlentafel V.

Genormte Nennspannungen in kV	1	3	6	10	15	20	30	45	60	80	100	120	150	200

Unrunde Übersetzungsverhältnisse, wie etwa 11500/110 werden nur noch ganz selten verlangt und ausgeführt.

Spannungswandler mit dem Klassenzeichen 0,5 dienen zur Messung der Leistung und Arbeit für Verrechnungszwecke, d. h. für genaue Meßzwecke. Bei Verrechnung großer Arbeitsmengen, besonders wenn der Leistungsfaktor cos φ des Hochspannungsnetzes klein oder in weiten Grenzen schwankend ist, benutzt man in jüngster Zeit auch Wandler der Klasse 0,2. Diese Wandler sind unwesentlich teurer als diejenigen der Klasse 0,5; ihre Nennleistung beträgt jedoch nur etwa 33%...25% der Wandler der Klasse 0,5.

Spannungswandler der Klasse 1 genügen zur Messung von Leistung und Arbeit für Betriebszwecke sowie für alle übrigen Messungen, wie für Spannungsanzeige, Synchronisierung und Frequenzüberwachung. Sie dienen schließlich auch für den Anschluß von Relais.

Für Relais würden auch Spannungswandler der Klasse 3 ausreichen. Solche Wandler werden jedoch in den Preislisten der Herstellerfirmen überhaupt nicht geführt, da sich bei ihnen eine Preisminderung gegenüber den Wandlern der Klasse 1 kaum erzielen läßt; der Hauptaufwand liegt nämlich in der Isolierung. Im Bedarfsfalle nimmt man besser Wandler der Klasse 1 und bezeichnet sie als Wandler der Klasse 3 mit etwa der zwei- oder dreifachen Nennleistung[1]). — Bei Relais, insbesondere bei Distanzrelais, wird übrigens die Messung im Gegensatz zu allen anderen Messungen in einer Schaltanlage im ganzen Meßbereich, d. h. von praktisch Null Volt bis zur 1,2fachen Nennspannung benötigt. Die Meßgenauigkeit von $\pm$ 3...5% genügt hierbei.

2. Leistung und Belastung.

Als genormte Nennleistungen gelten für Spannungswandler die Werte 15 VA, 30 VA oder 60 VA; bei Klasse 0,2 sind 5 VA zugelassen. Diese Nennwerte gelten nur für Einphasenspannungswandler; sie müssen für Dreiphasenwandler verdreifacht werden.

Zahlentafel VI.

Gegenstand	Reihe	Nennleistung in VA in Klasse			Grenzleistung
		0,2	0,5	1,0	
Zweipolig isolierte Trocken-Spannungswandler	10	30	120	240	500 VA
	20	60	180	360	600 VA
	30	80	250	500	1000 VA

[1]) Die Grenzleistung darf jedoch nicht überschritten werden. Grenzleistung ist die auf dem Schild angegebene Scheinleistung, die der Wandler bei Nennspannung ohne Überschreiten der Erwärmungsgrenze (§ 23 der REW 1932) dauernd abgeben kann; sie verhält·sich zur Nennleistung in Klasse 1 wie 7...2:1, je nach der Bemessung der Wandler und je nachdem ob Öl oder Trockenisolierung angewendet wird.

Für Meß- und Zählzwecke sind die genannten Nennleistungen in den meisten Fällen ausreichend. In Anlagen mit viel schreibenden Meßgeräten oder mit Distanzrelais werden jedoch gewöhnlich viel größere Nennleistungen benötigt. Die maßgebenden Herstellerfirmen bauen daher ihre Wandler neuerer Ausführung auch bis Reihe 30 schon für wesentlich größere Nennleistungen, wie es die vorstehende Zahlentafel VI z. B. für zweipolig isolierte Einphasen-Trockenspannungswandler zeigt (vgl. Abb. 110, 112 u. 113).

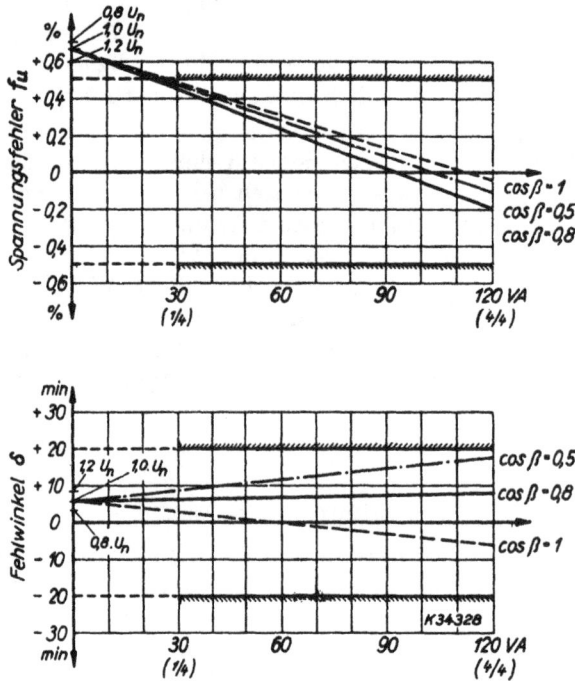

Abb. 124. Ungefährer Verlauf der Kennlinien (Spannungsfehler und Fehlwinkel) eines Spannungswandlers der Klasse 0,5 in Abhängigkeit der Belastung bei Nennspannung sowie bei verschiedenen cos β. Spannungswandler mit derartigen Kennlinien entsprechen noch den VDE-Regeln. Durch genaue Fabrikation und zweckmäßiges Abgleichen des Wandlers kann die Klassengenauigkeit auch bis zur Belastung von Null VA erreicht werden (vgl. Abb. 94).

Wandler für Reihenspannungen über 30 kV haben gewöhnlich von Hause aus schon eine hohe Nennleistung, die beträchtlich über den genormten Werten liegt.

Abb. 124 zeigt den ungefähren Verlauf der Kennlinien der Spannungsfehler und Fehlwinkel in Abhängigkeit von der Belastung bei Nennspannung und bei verschiedenen induktiven Phasenverschiebungen der Bürde (cos β). Die Fehlergrößen ändern sich linear mit der Belastung. Bei 0,8 oder 1,2facher Nennspannung liegen die Fehlerkennlinien höher oder tiefer (etwa parallel verschoben)ᵢ abhängig davon, mit welcher Liniendichte die Spannungswandler arbeiten.

Die Genauigkeit der Spannungsmessung kann im wesentlichen dadurch beeinträchtigt werden, daß entweder die tatsächliche Belastung der Spannungswandler größer ist als ihre Nennleistung oder aber daß die Belastung unter ¼ der Nennleistung liegt; denn gemäß den VDE-Regeln brauchen die Spannungswandler nur für Leistungen zwischen ¼ und ⁴/₄ der Nennleistung (vgl. Abb. 124) abgeglichen zu werden[1]). Im ersten Falle müßten leistungsfähigere Wandler verwendet werden; im zweiten Falle dagegen sollte man die Wandlernennleistung kleiner wählen oder aber im Sekundärkreis zusätzliche Widerstände parallel zur Nutzbürde schalten. Es handelt sich hier um etwa ähnliche Verhältnisse wie bei den Stromwandlern (s. S. 41).

Die Belastung der Spannungswandler durch Relais, Meßgeräte und Zähler ist bei Nennspannung bzw. bei der höchsten Betriebsspannung am größten. Mit sinkender Spannung geht die Belastung etwa quadratisch zurück; in eisengeschlossenen Meß- und Relaisgliedern, die je nach ihrer Bemessung schon bei halber Nennspannung und darunter eine Sättigung aufweisen können, sinkt die Belastung im Sättigungsbereich sogar etwa mit der dritten Potenz, da in diesem Gebiet infolge des verminderten Blindwiderstandes der Bürde (vgl. Abb. 125) die angelegte Spannung größere Ströme durch die Spulen treibt als einer linearen Spannungs-Strom-Beziehung entspricht. Auf diesen Umstand muß man bei der Auswahl der Spannungswandler für Distanzrelais besonders Rücksicht nehmen, d. h. man muß die Nennleistung der Wandler so reichlich bemessen, daß die Meßspannung den Anrege- und Meßgliedern der Relais auch im Sättigungsbereich (größte Leistungsaufnahme!) mit zulässiger Genauigkeit aufgedrückt wird.

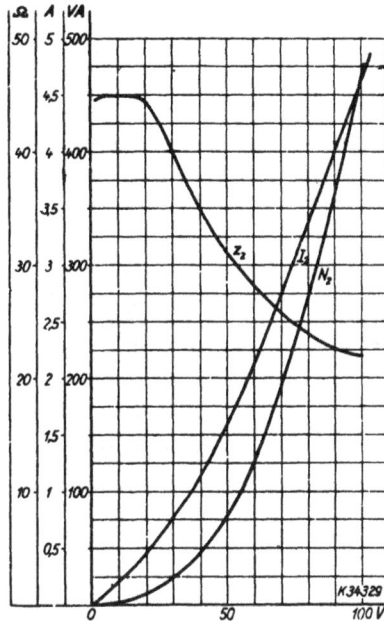

Abb. 125. Verlauf der Widerstands- und Leistungskennlinien eines hochgesättigten, eisengeschlossenen Relais-Meßgliedes in Abhängigkeit der angelegten Spannung. (Die Spannung wird nur im Störungsfalle, d. h. bei Kurzschluß oder Doppelerdschluß angelegt).

---

[1]) Es gibt in der Praxis viele Spannungswandler, die die Klassengenauigkeit bis zur Belastung Null VA aufweisen (vgl. Abb. 94).

N. Innen- und Außenschaltungen der Spannungswandler.

Für die eingangs erwähnten Ausführungsformen von Spannungswandlern werden im folgenden die entsprechenden Schaltungen unter
Berücksichtigung ihrer besonderen Anwendung besprochen.

1. Zusammenschaltungen von Einphasenspannungswandlern.

Die Abb. 126a und 126b zeigen die Grundschaltungen der Einphasenspannungswandler zur Messung der Spannung zwischen zwei
Leitern, der Leiterspannung U,
und der Spannung zwischen Leiter und Erde, der Leitererdspannung U_{OR}. Die Abschmelzsicherungen auf der Hoch- und Niedervoltseite sind hier wie auch bei
den weiteren Schaltungen mit eingezeichnet, doch soll auf die Ab-
sicherungsfrage selbst erst im
nächsten Kapitel näher einge-
gangen werden.

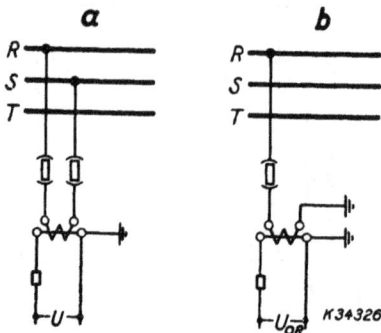

a) doppelpolig isolierter Einphasen-Spannungswandler,
b) einpolig isolierter Einphasen-Erdungs-
Spannungswandler.

Abb. 126. Grundschaltungen von Einphasen-
Spannungswandlern.

Einphasenspannungswand-
ler (Abb. 104...106, 110, 112 u.
113) werden selten einzeln verwendet; eigentlich nur für die
Spannungsregelung, Synchronisierung, Unterspannungsauslösung
und einfache Spannungsmessung. Zur Messung von Leistung und Arbeit
sowie für Schutzeinrichtungen u. dgl. werden meist Zusammenschaltungen von zwei oder drei Wandlern (Abb. 127) vorgenommen. Die allgemein bekannte V-Schaltung mittels zweier vollisolierter Einphasen-
spannungswandler (Abb. 127a) liefert alle drei Dreieckspannungen[1] U.
Drei in Stern geschaltete Einphasen-Erdungsspannungswandler (Abb.
127b) liefern die drei Dreieckspannungen U und die drei Leitererdspannungen U_{OL}. Die Leitererdspannungen sind nur bei gleicher Leiter-
belastung sowie bei symmetrischen Erdkapazitäten gleich groß. Tritt
an einem Leiter ein satter Erdschluß auf, so bricht seine Spannung
gegen Erde auf Null Volt zusammen; die Erdspannungen der gesunden Leiter steigen dagegen von $U/\sqrt{3}$ auf den Wert der Betriebsdreieckspannung U an (Abb. 128).

Doppelpolig isolierte Einphasenspannungswandler können auch
als Erdungsspannungswandler benutzt werden. Sie sind bei gleicher

---

[1] Mit Erdungs-Spannungswandlern kann keine V-Schaltung gebildet werden, da sonst ein Hochspannungsleiter unmittelbar an Erde gelegt wird.

Reihenspannung zwar teurer als die eigentlichen Erdungsspannungswandler, dafür bieten sie im Erdschlußfalle und bei sonstigen anormalen
Fällen (Kipperscheinungen u. dgl.) infolge ihrer geringeren Liniendichte
eine größere Betriebssicherheit und eine höhere Meßgenauigkeit. Ihre
Nennleistung ist infolge der kleineren Nennspannung ($U/\sqrt{3}$) natürlich
kleiner als bei der Dreieckspannung U; sie vermindert sich etwa proportional mit dem Quadrat der aufgedrückten Spannung.

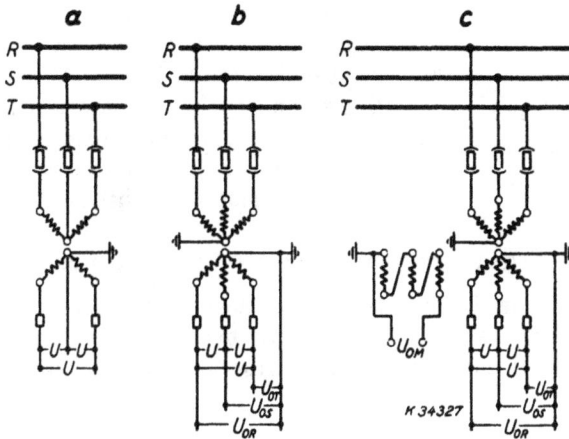

a) V-Schaltung von zwei Einphasen-Spannungswandlern,
b) Sternschaltung von drei Einphasen-Erdungs-Spannungswandlern,
c) Sternschaltung von drei Einphasen-Erdungs-Spannungswandlern mit
Hilfswicklungen zur Gewinnung der Sternpunkt-Erdspannung U_{OM}.

Abb. 127. Zusammenschaltungen von Spannungswandlern.

Wird für die allgemeine oder selektive Erdschlußanzeige bzw. Auslösung auch die Sternpunkterdspannung[1]) U_{OM} benötigt — d. i.
die Spannung zwischen Systemsternpunkt M und Erde O (Abb. 128) —,
so erhalten die Einphasen-Erdungsspannungswandler noch je eine
Hilfswicklung (Abb. 127c). Die drei Hilfswicklungen werden im
offenen Dreieck zusammengeschaltet; an den Enden des Dreiecks tritt
nur im Erdschlußfalle oder bei sonstigen Spannungsunsymmetrien gegen
Erde eine Spannung auf, die Sternpunkterdspannung. Die Hilfswicklungen werden so ausgelegt, daß bei sattem Erdschluß die Sternpunkterdspannung 100 oder 110 V beträgt; bei Erdschluß über Lichtbogen
oder über sonstige Widerstände fällt sie gewöhnlich viel kleiner aus. —
Die Leistung beträgt bei sattem Erdschluß 50...150 VA, je nach Auslegung der Hilfswicklungen. Die Einhaltung einer Klassengenauigkeit
wird nicht gefordert. Dasselbe gilt auch für die Hilfswicklungen von
Fünfschenkelspannungswandlern (vgl. Abb. 129b).

---

[1]) Sog. Nullpunktspannung.

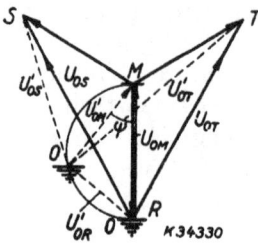

1. U_{OS}; U_{OT}; $U_{OR} = 0$ und U_{OM} bei sattem Erdschluß,

2. U'_{OS}, U'_{OT}, U'_{OR} und U'_{OM} bei Erdschluß über Ohmschen Widerstand (Lichtbogen).

Abb. 128. Spannungsvektoren einer Drehstromleitung mit Erdschluß am Leiter R.

Die Sternpunkterdspannung befindet sich nur bei sattem Erdschluß in Gegenphase (180°) mit der ursprünglichen Leitererdspannung bzw. Sternspannung des kranken Leiters (Abb. 128). Bei Erdschluß über Widerstand kann der Vektor der Sternpunkterdspannung im Halbkreis zum Sternpunkt M des Systems zurückwandern ($R = \infty$), wobei die erwähnte Phasenopposition (180°) zur Sternspannung des symmetrischen Betriebes nicht mehr besteht (siehe z. B. den Winkel ψ). Ein veränderlicher Winkel ψ tritt auch nach Erlöschen eines Erdschlusses auf, wenn die Eigenfrequenz des Erdkreises mit der Netzfrequenz nicht übereinstimmt ($f_0 \gtrless f$).

2. Schaltungen der Dreiphasenspannungswandler.

Der einfache Dreiphasenspannungswandler, dessen Schaltung in Abb. 129a dargestellt ist, wird ohne magnetischen Rückschluß ausgeführt und darf daher hochspannungsseitig wegen Übererwärmung bei

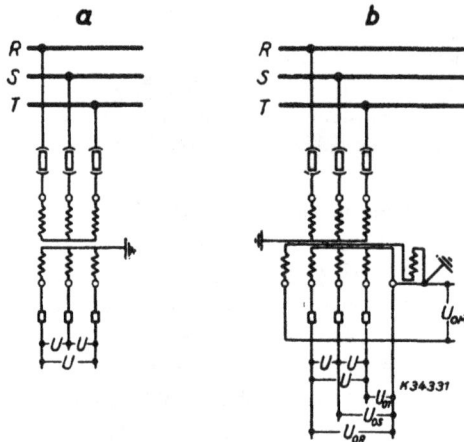

a) Dreiphasen-Spannungswandler ohne magnetischen Rückschluß,
b) Fünfschenkel-Spannungswandler mit Hilfswicklung zur Gewinnung der Sternpunkt-Erdspannung U_{OM}.
Abb. 129. Schaltungen von Dreiphasen-Spannungswandlern.

Erdschluß (Spulen verbrennen; der Streufluß schließt sich über den Kasten) nicht geerdet werden (vgl. Abb. 97b und die entsprechenden Ausführungen auf S. 97). Der Sternpunkt der Primärwicklung wird aus diesem Grunde erst gar nicht nach außen geführt. Diese Wandlerart

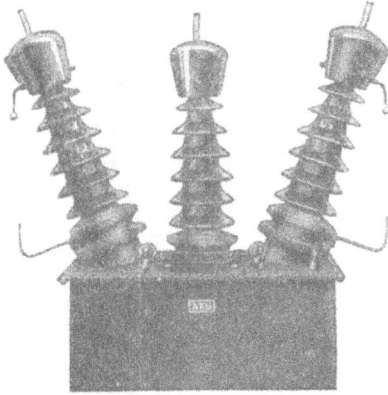

Abb. 130. Fünfschenkel-Spannungswandler der Reihe 60 (AEG).

Abb. 131. Dreiphasen-Erdungs-Spannungs-
wandler der Reihe 60 mit drei einzelnen
Schenkelkernen (S & H).

Abb. 132. Fünfschenkel-Spannungswandler
der Reihe 100 (K & St).

Abb. 133. Fünfschenkel-
Spannungswandler der
Reihe 30 (SW).

steht in meßtechnischer Hinsicht den einpoligen Ausführungen wegen ungleicher Flußverteilung in den drei Schenkeln nach und wird daher immer mehr verlassen.

Die Dreiphasenspannungswandler mit magnetischem Rückschluß und hochspannungsseitiger Erdung finden wegen ihrer raumsparenden

Abb. 134. Klein-Erdungsspannungswandler zur Gewinnung der Sternpunkt-Erdspannung (AEG und K & St).

Bauart immer noch guten Absatz auf dem Markt, obwohl sie nur vereinzelt in Trockenisolierung ausgeführt werden. Diese Wandler werden entweder als Fünfschenkelwandler (Abb. 129b, 130, 132 u. 133) oder als

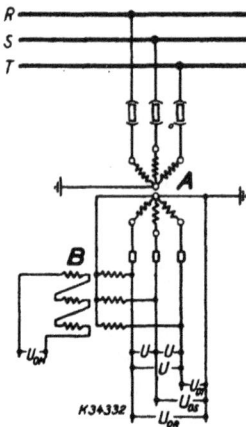

drei Einphasenwandler mit gemeinsamem Ölbehälter (Abb. 131) hergestellt. Für die letztere Ausführung gelten daher auch die Schaltbilder nach den Abb. 127b u. 127c.

Falls die Einphasen- oder Drehstrom-Erdungsspannungswandler ohne Hilfswicklung zur Gewinnung der Sternpunkterdspannung U_{OM} ausgeführt sind, so kann diese mit Hilfe eines zusätzlichen Klein-Erdungsspan-

Abb. 135. Sternschaltung von drei Einphasen-Erdungs-Spannungswandlern (A) mit angeschlossenem Klein-Erdungs-Spannungswandler (B) zur Gewinnung der Sternpunkterdspannung U_{OM}.

nungswandlers (Abb. 134) gewonnen werden, der an die Sekundärwicklungen anzuschließen ist (Abb. 135).

3. Spannungsmessung beim Zwei- und Dreiwattmeterverfahren.

Über die Zweckmäßigkeit der Schaltungen für die einzelnen Erfordernisse der Praxis sind in diesem Abschnitt schon verschiedene Andeutungen gemacht worden. Ergänzend sei bemerkt, daß für die Messung der Leitererdspannungen U_{OL} und der Sternpunkterdspannung U_{OM}, die für Schutz- und Überwachungszwecke in einem geordneten

Netzbetrieb unerläßlich sind, stets Erdungsspannungswandler verwendet werden müssen. In manchen Fällen werden die Erdungsspannungswandler auch für die Messung von Leistung und Arbeit herangezogen, um den Leistungsmessern und Zählern von vornherein die Leitererdspannungen U_{oL} zuzuführen, damit erforderlichenfalls bei Erdschluß oder sonstigen kapazitiven Unsymmetrien gegen Erde die Sternpunktleistung, d. h. die Leistung, die über Erde fließt, miterfaßt werden kann. Voraussetzung ist dabei, daß an Stelle der weitverbreiteten Zweiwattmeterschaltung die Dreiwattmeterschaltung angewendet wird.

Beim Zweiwattmeterverfahren in der üblichen Ausführung werden zwei Leiterströme und zwei Dreieckspannungen benötigt, beim Dreiwattmeterverfahren — drei Leiterströme und drei Leitererdspannungen (vgl. Abb. 136a u. 136b). Die Messung der Arbeit und

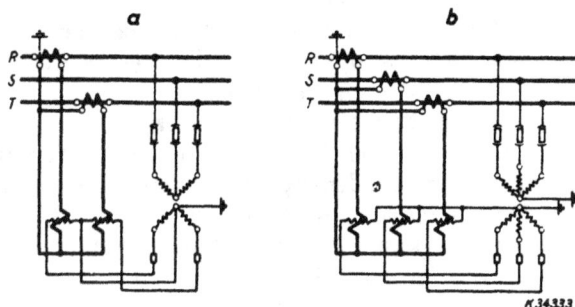

a) einfache Zweiwattmeter-Schaltung,
b) Dreiwattmeter-Schaltung, bei der auch die Nullpunktleistung miterfaßt wird.
Abb. 136. Grundschaltungen für Leistungs- bzw. Arbeitsmessung.

Leistung mit zwei Meßwerken nach Abb. 136a ist im Erdschlußfalle nur dann richtig, wenn der Fehler in demjenigen Phasenleiter auftritt, an dem keine Stromspule angeschlossen ist. Erfolgt der Erdschluß in den Außenleitern, so ist das Meßergebnis entweder zu groß oder zu klein[1]). Die Fehlweisung tritt jedoch in kompensierten Netzen nicht nur bei Erdschluß, sondern auch bei kapazitiver Unsymmetrie des gesunden Netzes auf. — Die Zweiwattmeterschaltung ist allerdings in den letzten Jahren in dieser Hinsicht verbessert worden, indem ein dritter Hauptstromwandler und sonstige Hilfsmittel Anwendung fanden[2]).

Die Dreiwattmeterschaltung nach Abb. 136b erfaßt im Erdschlußfalle und bei sonstigen kapazitiven Unsymmetrien gegen Erde

[1]) H. Piloty, Was messen Wattmeter und Zähler in Drehstrom-Hochspannungsanlagen bei Erdschluß? Elektrizitätswirtschaft 1927, S. 579.
[2]) G. Meyer, Siemens-Zt. 1932, S. 418. — V. Aigner, Technische Mitteilung 57 der Studiengesellschaft für Höchstspannungsanlagen E. V., Berlin 1933.

auch die Sternpunktleistung, d.i., wie schon erwähnt, diejenige Wirkleistung, die über die Erde bzw. den vierten Leiter fließt[1]). Inwieweit die Leistung und Arbeit bei Erdschluß noch genau genug gemessen wird, hängt davon ab, ob die Spannungswandler, Wattmeter und Zähler bei der um $\sqrt{3}$ höheren Spannung zwischen den gesunden Leitern und Erde die erforderliche Klassengenauigkeit noch einhalten. Bei den Geräten normaler Ausführung treten dabei sicherlich höhere Eisensättigungen und damit zusätzliche Verluste auf, die eine Verminderung der Meßgenauigkeit zur Folge haben. Abb. 92 zeigt z. B., wie gewaltig der Erregerstrom eines üblichen Erdungsspannungswandlers bei sattem Netzerdschluß ansteigt, obwohl die Nenninduktion nur bei 8200 Gauß liegt. In den VDE-Regeln steht keine Forderung, daß die Erdungsspannungswandler auch im Erdschlußfalle ihre Klassengenauigkeit einhalten müssen. Die Ausführungen zeigen, daß für genaue Messung von Leistung und Arbeit bei Erdschluß die Spannungswandler, Wattmeter und Zähler von Hause aus eine niedrige Nenninduktion haben müssen oder, anders ausgedrückt, die Geräte dürfen bei Netz-Erdschluß keine Eisensättigung aufweisen.

Es ist zu beachten, daß bei gewissen Netzgebilden (Netze mit viel abgeschalteten Leitungen oder Kabeln) durch Schaltvorgänge im Betrieb Kipperscheinungen an den Spannungswandlern angeregt werden können[2]), die dann entstehen, wenn die induktiven Blindwiderstände der Erdungsspannungswandler die Blindwiderstände der parallel liegenden Erdkapazitäten der Leiter teilweise oder ganz aufheben oder sogar überwiegen. Die Spannungsverlagerung kann dann kurz- oder langzeitig so groß werden, daß die Spannungen zwischen Leiter und Erde Werte annehmen, die viel größer sind als die Betriebsdreieckspannung (Abb. 137). In solchen Fällen liefert das Dreiwattmeterverfahren

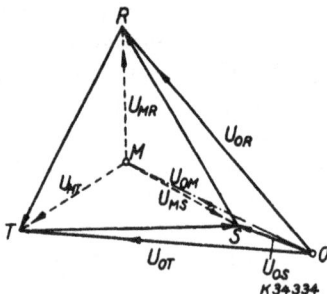

M Sternpunkt (elektrischer Schwerpunkt),
O Nullpunkt (Erdpunkt),
R, S, T Leiter,
U_{MR}, U_{MS}, U_{MT} Sternspannungen,
U_{OR}, U_{OS}, U_{OT} Leitererdspannungen,
U_{OM} Sternpunkterdspannung.

Abb. 137. Verlagerung der Leitererdspannungen an einem Satz einpoliger Erdungs-Spannungswandler bei Kippvorgängen.

natürlich keine richtigen Meßergebnisse mehr, weil dann, wie schon oben ausgeführt, die Spannungswandler, Wattmeter und Zähler die Klassen-

---

[1]) H. Piloty, s. Fußnote auf S. 121.

[2]) Vgl. a. H. Weber, Der Erdschluß in Hochspannungsnetzen, Verlag R. Oldenbourg 1936; C. W. La Pierre, Theorie of Abnormal Line-to-Neutral Transformer Voltage, Transf. AIEE 1931, S. 328; R. Meyer, ETZ 1930, S. 1645.

genauigkeit infolge der Eisensättigung gewöhnlich nicht mehr einhalten. Die Verhältnisse werden hier allerdings sofort günstiger, wenn weitere Freileitungen oder Kabel im Netz zugeschaltet oder aber in den Sekundärkreis für die Sternpunkterdspannung bzw. für die Leitererdspannungen Widerstände bestimmter Größe eingebaut werden, da durch solche Mittel der Nullpunkt (Erdpunkt) O nach dem elektrischen Schwerpunkt M des Spannungsdreieckes zurückverlegt bzw. gezwungen wird.

Beim Anschluß von Leistungsmessern, Zählern, Distanzrelais oder Richtungsrelais an die Wandler ist die Drehfeldrichtung des Drehstromsystems zu berücksichtigen, da andernfalls Falschmessungen bzw. Falschauslösungen zustande kommen. Um zu diesem Zwecke die einzelnen Schaltungen leichter überprüfen zu können, empfiehlt es sich, für die Anschlüsse der Strom- und Spannungswandler untereinander die gleiche Phasenfolge einzuhalten (vgl. z. B. Abb. 136). Danach ist es ein leichtes, den richtigen Anschluß der wattmetrischen Geräte mit Hilfe eines Drehfeldrichtungsanzeigers zu überprüfen. Sollte nach dieser Maßnahme noch eine Unstimmigkeit im Arbeiten der angeschlossenen Geräte festzustellen sein, so muß der Wickelsinn der Wandlerspulen überprüft werden (vgl. a. Kapitel Q unter 2.). Derartige Fehler kommen jedoch an Stromwandlern äußerst selten vor, an Spannungswandlern praktisch gar nicht.

O. Schutzmaßnahmen für Spannungswandler.

1. Absicherung der Primär- und Sekundärkreise.

Grundsätzlich sollte man alle Spannungswandler hoch- und niederspannungsseitig gegen die Auswirkungen von Kurz- und Erdschlüssen durch selbsttätige Abschalteinrichtungen sichern. Als solche kommen vornehmlich Abschmelzsicherungen, seltener Leistungs- bzw. Kleinschalter in Frage. Hochvoltseitig sichert man sämtliche Leiter, niedervoltseitig nur die nichtgeerdeten Leiter ab. Die geerdeten Leiter darf man deswegen nicht absichern, weil sonst mit dem Abschmelzen der Sicherungen der Schutz durch die Erdung hinfällig werden würde.

Die Niederspannungssicherungen oder Kleinschalter bemißt man zweckmäßig so, daß sie erst dann abschalten (bei etwa 5...10 A), wenn die Belastung die Grenzleistung der Spannungswandler überschreitet. Zu knapp bemessene Sicherungen können durch ihren Spannungsabfall die Messung fälschen. Die Sicherungen sollen in der Hauptsache die Kurzschlüsse im Meßkreis abtrennen, da sonst die Sekundärwicklungen der Spannungswandler durch den erhöhten Strom verbrennen können.

Auf der Hochspannungsseite muß man unterscheiden zwischen dem Anschluß der Spannungswandler an die Sammelschienen und an die einzelnen Abzweigleitungen.

Beim Sammelschienenanschluß benutzt man gewöhnlich Abschmelzsicherungen, die man mit etwas reichlichem Querschnitt versieht gegen unerwünschtes Durchbrennen als Folge von Sprüherscheinungen oder gegen die Einschaltstromstöße bei nicht gleichzeitigem Einschalten der drei Leiter (Pole) eines Spannungswandlers. Schwach bemessene Sicherungen können in Netzen mit großem Erdschlußstrom auch beim Abschalten von Erdschlüssen durchbrennen. Die im gesunden Netz verbleibende überschüssige Ladung fließt dann über die Erdungs-Spannungswandler zur Erde. Die Sicherungen brennen vornehmlich bei denjenigen Erdungs-Spannungswandlern durch, die die

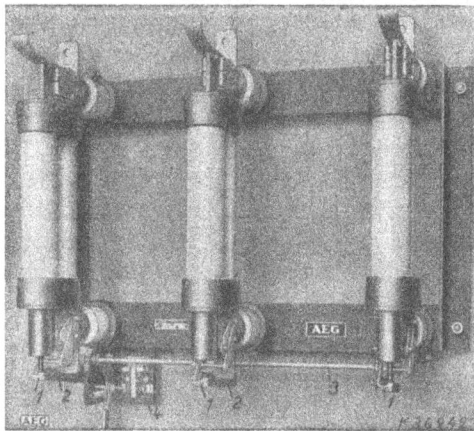

1 Hebel,   3 Gemeinsame Welle,
2 Stoßstange,   4 Kontaktvorrichtung.
Abb. 138. Dreipolige HS-Sicherung 200 A, 3 kV, mit Kontaktvorrichtung (AEG).

kleinsten Ohmschen Widerstände haben, also bei Wandlern mit hoher Nennleistung oder mit starken Kupferdrähten.

Spannungswandler für Betriebsspannungen über 45 kV erhalten selten Sicherungen, da man deren Schutzwert noch anzweifelt. In Netzen mit großer Kurzschlußleistung — wiederum bis 30 kV — schalten manche Werke zur Erhöhung der Sicherheit (Begrenzung der Kurzschlußströme!) Widerstände in Reihe mit den Primärsicherungen. Neuerdings werden gern Hochleistungssicherungen[1]) verwendet (Abb. 138 u. 139), bei denen die Vorwiderstände überflüssig und bei denen optische und akustische Meldungen über das Durchgehen einer Sicherung eindeutig gewährleistet sind. Die Primärsicherungen schützen die Spannungswandler eigentlich nur bei Schäden an den Hochspannungsklemmen und an der Primärwicklung. Kurzschlüsse auf der

[1]) K. A. Lohausen, AEG-Mitt. 1935, S. 71 und 148; AEG-Mitt. 1936, S. 415. — H. Läpple, Siemens-Zt. 1936, S. 68: VDE-Fachberichte, Berlin 1934.

Niedervoltseite werden von den Hochspannungssicherungen wegen des verhältnismäßig hohen inneren Widerstandes der Spannungswandler gewöhnlich nicht miterfaßt.

Spannungswandler, die an einzelne Abzweigleitungen angeschlossen sind, werden hochspannungsseitig durch die vorhandenen Leistungsschalter mitgeschützt. Man braucht bei diesem Verfahren zwar eine größere Anzahl von Wandlern, die Sicherheit ist dafür aber auch höher.

In der Praxis wird das Absichern der Spannungswandler sehr verschieden beurteilt und durchgeführt. Bei einigen Werken werden die

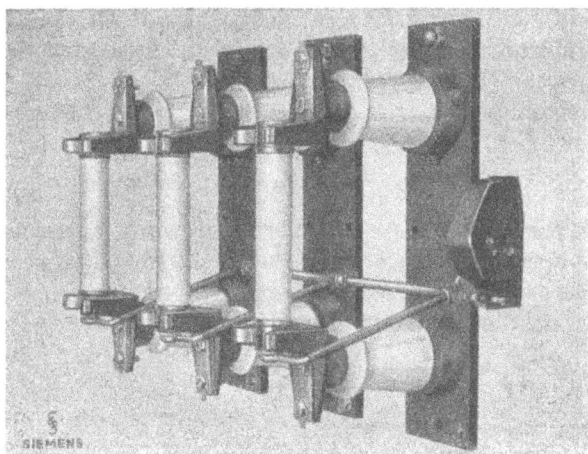

Abb. 139. HH-Sicherungen R 333 mit dreipoliger Abschaltmeldevorrichtung (SSW).

Spannungswandler nur hochspannungsseitig geschützt, bei anderen dagegen nur niederspannungsseitig; sodann gibt es Werke, die die Wandler hoch- und niederspannungsseitig mit einem Schutz versehen und wiederum solche, die die Wandler überhaupt nicht schützen.

Die Abneigung gegen die Sicherungen auf der Niederspannungsseite findet teilweise ihre Begründung in den Spannungsabfällen, die durch die Sicherungen hervorgerufen werden können. Die Sicherungen werden überdies in unbewachten Stationen ungern eingebaut, da dort die Überwachungseinrichtungen, wie Spannungswächter (Leiterunterbrecherrelais), Wärmerelais, Thermometer usw. unwirksam bleiben, d. h. die Signalgabe kann nicht rechtzeitig wahrgenommen werden. Weiterhin vermeidet man die Sicherungen gern bei Spannungsschnellreglern sowie bei Unterspannungsrelais in vollselbsttätigen Anlagen. In solchen Fällen nimmt man es lieber in Kauf, daß die Wandler bei Erd- und Kurzschluß (im Sekundärkreis) Schaden nehmen. Vielleicht wäre hier der Sache besser gedient, wenn man gegen ein unerwünschtes

Durchschmelzen oder gar gegen ein unzulässiges Herausschrauben einer Sicherung die Abschmelzsicherungen für etwa 20 A bemessen und sie verriegeln bzw. plombieren würde. Damit wäre man gegen einen ungewollten »Umschmiß« des Betriebes bei gleichzeitiger Absicherung der Meßkreise ebenfalls weitgehend gesichert.

Gegebenenfalls könnte das Absichern der Spannungswandler auf der Sekundärseite so erfolgen, daß für bestimmte Gruppen von Geräten, z. B. für Meßinstrumente und Zähler Schutzrelais und Schnellregler u. dgl. getrennte Sicherungen angeordnet werden.

Beim Distanzschutz mit Unterimpedanzanregung wird man die Absicherung der Spannungsmeßkreise mit dem Auslösestromkreis der Schalter so in Verbindung bringen, daß beim selbsttätigen und unwillkürlichen Unterbrechen der Meßspannung die Auslösung des Schalters bei gleichzeitiger Signalgabe verhindert wird, da andernfalls die Distanzrelais die Leistungsschalter u. U. auslösen und die Stromlieferung unnötig unterbrechen.

2. Erdung.

Ähnlich wie bei den Stromwandlern muß zur gefahrlosen Bedienung der angeschlossenen Geräte auch bei den Spannungswandlern der Sekundärkreis geerdet werden. In den vorstehend besprochenen Schaltungen ist die sekundärseitige Erdung durchweg im Sternpunkt

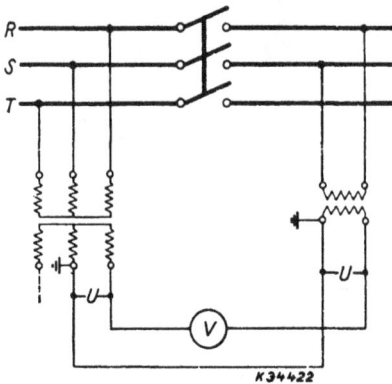

Abb. 140. Prinzipschaltung verschiedenartiger Spannungswandler für den Anschluß eines Synchronisier-Voltmeters (Dunkelschaltung).

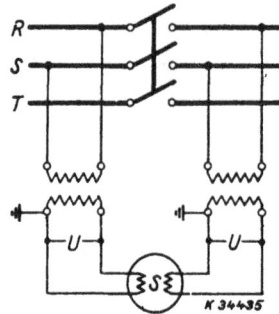

Abb. 140a. Prinzipschaltung vollisolierter Einphasen-Spannungswandler für den Anschluß eines Synchronoskops (S) mit nicht galvanisch verbundenen Meß-Systemen.

vorgenommen bzw. angedeutet. In großen elektrischen Anlagen mit verschieden gearteten Meßeinrichtungen kann an dieser Regel nicht bedingungslos festgehalten werden. So muß man beispielsweise die Spannungswandler für Synchronisierzwecke an den Leitern gleicher Phasenbezeichnung erden, um störende Potentialunterschiede zu vermeiden. Diese Ausnahme gilt insbesondere für Wandler verschiedener Bauformen (Abb. 140). Die Abb. 140a stellt ein weiteres Schaltbild für eine Synchronisiereinrichtung dar. Der Einheitlichkeit halber wird heute in großen elektrischen Anlagen die Polerdung der Sternpunkterdung vorgezogen. — Für die Ausführung der Erdleitung gilt sinngemäß das gleiche wie für die Stromwandler.

Im Primärkreis der Spannungswandler darf dagegen eine Erdung nur am Sternpunkt vorgenommen werden, da andernfalls ein satter Erdschluß des Netzes entstehen würde. Die primärseitige Sternpunkterdung kann nur bei Erdungsspannungswandlern durchgeführt werden, nicht dagegen bei den vollisolierten Einphasenspannungswandlern (V-Schaltung) und bei den Drehstromspannungswandlern ohne magnetischen Rückschluß (s. S. 118).

In den Schaltungen der Abb. 127, 135, 136b ist die Betriebserde (Erdung des primären Sternpunktes) und die Schutzerde (Erdung des sekundären Sternpunktes) getrennt eingezeichnet. Die Sternpunkte der Primär- und Sekundärwicklungen können ohne nachteiligen Einfluß auf die Meßergebnisse auch an eine gemeinsame Erde gelegt werden. In der Praxis ist dies wohl meistens der Fall. Die Wandlergehäuse müssen natürlich ebenfalls starr geerdet werden, um jegliche Gefahr auszuschalten.

P. Auswahl der Spannungswandler.

Die Auswahl der Spannungswandler nach technischen und wirtschaftlichen Gesichtspunkten erfolgt in der Praxis in ähnlicher Weise wie bei den Stromwandlern (vgl. Kap. J). Ähnlich wie dort sollen auch hier nur die wichtigsten Fragen kurz zusammengestellt bzw. soll auf die diesbezüglichen Stellen in dem entsprechenden Kapitel unmittelbar verwiesen werden.

a) **Reihenspannung.** Siehe die Ausführungen auf S. 112 und die Zahlentafel I auf S. 30.

b) **Nennspannung.** Nähere Ausführungen hierüber s. auf S. 112.

c) **Umschaltbare Spannungswandler.** Vgl. die Bilder und Ausführungen auf S. 98 u. 99.

d) **Nennleistung.** Als genormte Nennleistungen gelten die Werte 15 VA, 30 VA und 60 VA; für Klasse 0,2 sind 5 VA zugelassen. Diese Nennwerte gelten für Einphasenspannungswandler; bei **Dreiphasenspannungswandlern** müssen die Werte verdreifacht werden. In Anlagen mit Distanzrelais oder schreibenden Meßgeräten reichen die hier genannten Nennleistungen nur selten aus. Die meisten Spannungswandler werden daher seit einigen Jahren für viel größere Nennleistungen ausgelegt (vgl. z. B. Zahlentafel VI auf S. 113). — Die Nennleistung der

Spannungswandler wählt man passend für die erforderliche Belastung (betriebsmäßige Bürde). Allzu kleine Belastung eines Spannungswandlers gegenüber seiner Nennleistung kann zu ungünstigen Meßergebnissen führen (s. S. 114 u. 115). — Spannungswandler für 50 Hz können nicht ohne weiteres für 25 Hz oder gar 16²/₃ Hz bei gleicher Betriebsspannung benutzt werden. Die Induktion wird viel zu groß und die Leistung fällt bei der gegebenen Klassengenauigkeit stark ab. Für solche Nennfrequenzen bedürfen die Spannungswandler einer besonderen Bemessung.

Abb. 141. Doppelpolig isolierte Trockenspannungswandler der Reihe 10 in einer Schaltzelle (K & St).

e) **Meßgenauigkeit.** Klasseneinteilung und Wahl der Meßgenauigkeit der Spannungswandler für Meß-, Zähl- und Relaiszwecke s. im Kap. M auf S. 113.

f) **Isolationsart.** In geschlossenen Schaltanlagen (Innenräumen) empfiehlt es sich, an Stelle von Öl- oder Massespannungswandlern möglichst trockenisolierte Bauformen zu verwenden. Damit entspricht man der derzeitigen Anforderung nach brandsicheren Anlagen. In Freiluftanlagen, in denen die Explosions-, Brand- und Qualmgefahr von nicht so großer Bedeutung ist, kann man über die Aufstellung von Öl- oder Trockenspannungswandlern noch geteilter Meinung sein, zumal wenn man bedenkt, daß im Gegensatz zu den Schaltern die Spannungswandler, ähnlich wie die Stromwandler, keine beweglichen Teile aufweisen und betriebsmäßig keine Lichtbogen ziehen.

Trockenisolierte Spannungswandler sind mit wenigen Ausnahmen unwesentlich teurer als Ölspannungswandler.

Abb. 141a. Trockenisolierte Erdungs-Spannungswandler der Reihe 60 in einer Freiluftanlage (K & St).

g) **Bauformen.** Doppelpolig isolierte Spannungswandler (Abb. 104...106, 110, 112 u. 113) werden hauptsächlich in der V-Schaltung für den Anschluß von Meßinstrumenten und Zählern benutzt. Diese Wandlerart wird man in Zukunft aus wirtschaftlichen und technischen Gründen wohl nur noch für die Reihenspannungen von 1...30 kV ausführen.

Viel größer ist dagegen das Anwendungsgebiet der Erdungs-spannungswandler (Abb. 107...109, 114, 116, 117, 120, 130...132), denn

Walter, Wandler.   9

Abb. 141 b. Strom- und Spannungswandler der Reihe 125 mit Ölisolation in einer Freiluftanlage (AEG).

durch sie können außer den Dreieckspannungen U noch die Leitererdspannungen U_{OL} und die Sternpunkterdspannung U_{OM} gewonnen
werden. Für den Anschluß von Schutzrelais, wie Distanzrelais, Erdschlußrelais und überhaupt für alle Erdschluß-Überwachungseinrich-
tungen sind sie geradezu unerläßlich. Überdies sind die Erdungs-
spannungswandler in gleicher Weise auch für den Anschluß von Meßinstrumenten und Zählern geeignet. Weitere Ausführungen über die Anwendung der einzelnen Bauformen s. auf S. 110.

Die Abb. 141...141 b zeigen ausgeführte Anlagen mit Spannungswandlern.

Die Frage, ob ein vorhandener Spannungswandler auch als Prüf-
transformator benutzt werden kann, wird in der Praxis sehr oft
erhoben. Grundsätzlich bestehen gegen eine solche Verwendung der
Spannungswandler keine Bedenken. Wichtig ist nur, daß die für
Hochspannungsprüfanlagen erforderlichen Sicherheitseinrichtungen vor-
schriftsmäßig ausgeführt werden. Es können für derartige Prüfzwecke
sowohl Erdungsspannungswandler als auch doppelpolig isolierte Spannungswandler Verwendung finden. Man wird diese Spannungswandler
zweckmäßig so betreiben, daß etwa 130...150% ihrer Nennspannung
gegen Erde nicht überschritten wird.

III. Verschiedenes.

Q. Prüfung der Strom- und Spannungswandler am Betriebsort.

1. Allgemeines.

Die Strom- und Spannungswandler werden in den Laboratorien und Prüffeldern der Hersteller sehr umfangreichen Untersuchungen und Prüfungen entsprechend den REW 1932 und vielfach noch darüber hinaus unterzogen, bevor sie die Fabrik verlassen. Ein Teil der Messungen wird dabei nur an einigen Wandlern (Typenprüfungen) vorgenommen, der größte Teil jedoch an allen Wandlern (Stückprüfungen). Es würde im Rahmen dieses Buches zu weit führen, die vielen Untersuchungs- und Prüfverfahren auch nur annähernd zu erläutern. Einzelne Aussagen über die erforderlichen Messungen wurden bereits im vorhergehenden andeutungsweise gemacht. Weitere diesbezügliche Angaben sind in den VDE-Regeln verankert; die übrigen findet man im einschlägigen Schrifttum.

Im vorliegenden Kapitel sollen im wesentlichen nur Hinweise darüber gegeben werden, wie man schadhaft vermutete Wandler oder Wandler älterer Ausführungen in Schaltanlagen oder überhaupt bei den Elektrizitätswerken einer Überprüfung in meßtechnischer Hinsicht unterzieht.

Es ist bekannt, daß die Meßgenauigkeit der Strom- und Spannungswandler unter gewissen Umständen eine Einbuße erleiden kann. Große Kurzschlußströme rufen nämlich nicht selten Schäden an den Wicklungen der Stromwandler hervor, wie Windungsschluß, Erdschluß, Verschieben der Sekundärwicklung gegen die Primärwicklung durch axiale Schubkräfte (Änderung der Streuverhältnisse!). Durch Kurzschlußströme im Netz sowie durch unvorhergesehenes Öffnen des Sekundärkreises im Betrieb können an Stromwandlern überdies unliebsame Remanenzerscheinungen eintreten, die allerdings bei hohen Betriebsströmen mit der Zeit ihre nachteilige Wirkung stark verlieren. Ferner können durch Drahtbruch oder durch Lockerwerden von Kontaktstellen im Sekundärkreis wegen der dann erhöhten Induktion im Eisenkern, die in den Wicklungen hohe Spannungsspitzen hervorruft (vgl. Abb. 72), Durchschläge gegen Erde eintreten. Bei den Spannungswandlern können sich meßtechnische Störungen durch Windungschluß und Erdschluß, die im wesentlichen als Folge von Überspannungen auftreten, einstellen.

Die vorstehenden Ausführungen lassen erkennen, daß es ratsam ist, die Wandler von Fall zu Fall einer Überprüfung hinsichtlich mechanischer und elektrischer Schäden und im besonderen Maße hinsichtlich der Meßgenauigkeit zu unterziehen. Diese Aussage gilt insbesondere für solche Stromwandler, die oft von großen Kurzschlußströmen durchflossen werden. Die meisten Wandler stellen sehr wichtige Bestandteile elektrischer Anlagen dar. Es wäre daher unverständlich, wenn man ihnen weniger Bedeutung schenken wollte als den Zählern, Relais oder Schaltern, zumal wenn man bedenkt, daß es heute an geschultem Personal und geeigneten Prüfeinrichtungen nicht mehr fehlt (Prüfämter).

2. Prüfung des Wickelsinns (Polarität).

Die gegenseitige Polung der Wicklungen von Wandlern ist in den VDE-Regeln eindeutig mit gleichsinniger Wicklungsrichtung festgelegt. Danach bezeichnet man bei den Stromwandlern die Wicklungsenden (Anschlußklemmen) auf der Primärseite mit K und L, auf der Sekundärseite mit k und l (vgl. Abb. 1). Bei den Einphasenspannungswandlern werden die Anschlußklemmen primärseitig mit U und V, sekundärseitig mit u und v gekennzeichnet (vgl. Abb. 91). Dreiphasenspannungswandler erhalten die Klemmenbezeichnung U, V, W und u, v, w.

Die eindeutige Polung bzw. Klemmenbezeichnung der Wandler ist von Bedeutung beim Anschluß von Zählern, Leistungsmessern, Distanzrelais, Richtungsrelais u. dgl. Schließt man solche Geräte nach den vorgegebenen Schaltungen richtig an und ist dabei ein Wandler falsch gepolt, so ergeben sich unrichtige Messungen bzw. Abschaltungen, die man entweder schon bei der Inbetriebsetzung oder aber erst im Betrieb feststellt. Es bleibt dann nichts weiter übrig, als die Klemmenbezeichnung der Wandler richtig zu stellen.

Eine falsche Klemmenbezeichnung oder ein falscher Anschluß der Wicklungsenden kann z. B. bei Reparaturen usw. zustande kommen. Solche Fehler trifft man erfreulicherweise in den letzten Jahren nur noch vereinzelt an. Die Fehler können in den Anlagen mit einer tragbaren Wandlerprüfeinrichtung[1]), mit einem Wandlerklemmenprüfer[2]) oder aber durch behelfsmäßige Schaltungen leicht festgestellt und dann durch Vertauschen der Klemmenkennbuchstaben beseitigt werden.

Die Abb. 142a u. 142b zeigen solche Hilfsschaltungen für die Klemmenprüfung an Strom- und Spannungswandlern. In Abb. 142a

---

[1]) S. S. 134 u. 135.
[2]) R. Kühnel, Prüfgerät für Klemmenbezeichnungen an Meßwandlern, E. u. M. 1928, S. 218.

wird der fragliche Stromwandler X in Reihe mit einem einwandfreien
Stromwandler N geschaltet. Ist die Klemmenbezeichnung des zu prüfenden Stromwandlers X richtig, dann muß der Strom in der Brücke $\varDelta I_2$

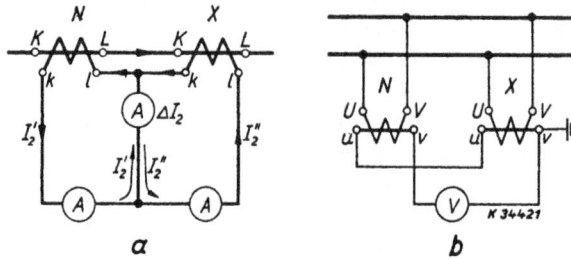

Abb. 142. Schaltungen zur Polaritäts-Prüfung an Strom- und Spannungswandlern nach dem
Differenzverfahren.

gleich der Differenz der Ströme I'_2 und I''_2 sein. Bei gleichem Übersetzungsverhältnis der Wandler ist $\varDelta I_2 = 0$. Ist jedoch die Klemmenbezeichnung bzw. Polung des Prüflings falsch, so zeigt das dritte Instrument die Summe der Ströme an Stelle der Differenz an. — Die Polarität
der Wandler kann auch mit Wattmetern in entsprechender Schaltung
geprüft werden.

Bei den Spannungswandlern erfolgt die Prüfung sinngemäß
nach Abb. 142b.

3. Prüfung der Strom- und Spannungsfehler sowie der Fehlwinkel.

Grobe Fehler des Übersetzungsverhältnisses der Strom- und Spannungswandler können am Einbauort mit Präzisionsinstrumenten festgestellt werden, indem die primären und sekundären Ströme oder Spannungen mit ihnen gemessen und entsprechend dividiert werden. Die

Abb. 143. Tragbare Strom- und Spannungswandler-Prüfeinrichtung nach Hohle in Hartmann-
und Braun-Ausführung (Deckel abgenommen).

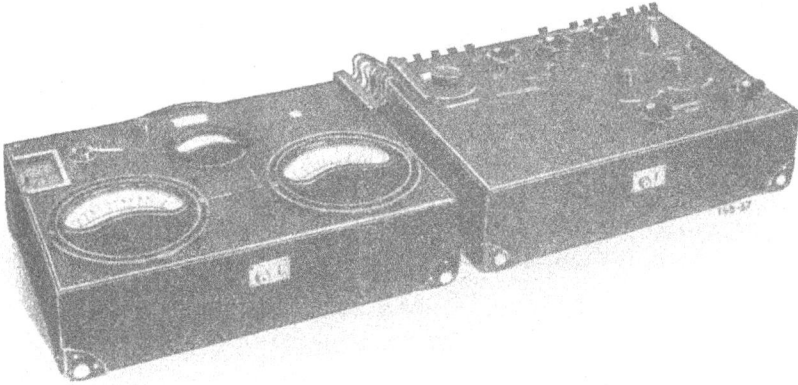

Abb. 144. Tragbare Strom- und Spannungswandler-Prüfeinrichtung von Koch und Sterzel
(Deckel abgenommen).

Fehlwinkel kann man mit diesem Meßverfahren jedoch nicht erfassen.
Für die genaue Fehlermessung benutzt man im Betrieb eine der bekannten
tragbaren Wandlerprüfeinrichtungen (s. Abb. 143...145), die sich durch

Abb. 145. Tragbare Strom- und Spannungswandler-Prüfeinrichtung nach Hohle
in Siemens-Ausführung.

leichtes Gewicht, bequeme Tragbarkeit (Koffer) und einfachste Bedienung auszeichnen.

Im folgenden soll zunächst die tragbare Prüfeinrichtung nach Hohle kurz beschrieben werden[1]), die von den Firmen Hartmann & Braun sowie Siemens & Halske in etwas unterschiedlicher Ausführung hergestellt wird. Das Meßverfahren dieser Prüfeinrichtung beruht, wie aus den Abb. 146 und 147 hervorgeht, auf dem Vergleich des zu prüfenden Wandlers (Prüfling) X mit einem praktisch fehlerfreien Wandler N in der Gegenschaltung (Differenzschaltung). Durch den Differenzstrom bzw. die Differenzspannung erzeugt man einen Span-

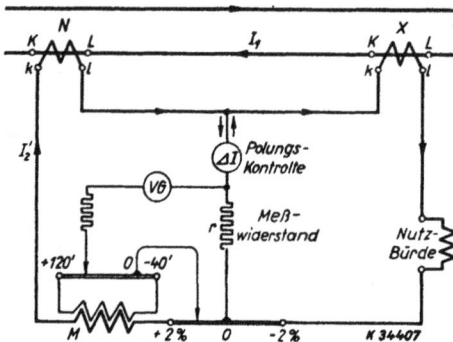

Abb. 146. Grundschaltung der Stromwandler-Prüfeinrichtung nach Hohle.

nungsabfall an einem geeignet gewählten Widerstand r. Dieser Spannungsabfall wird durch eine Gegenspannung kompensiert, welche aus zwei, an je einem Schleifdraht abgenommenen Komponenten besteht. Die eine Komponente ist in Phase mit dem Sekundärstrom oder der Sekundärspannung des Normalwandlers N und dient zur Messung des Übersetzungsfehlers, die andere Komponente ist genau um 90^0 phasenverschoben und mißt den Fehlwinkel. Die Phasenverschiebung wird dabei durch eine Gegeninduktivität M erzielt. Die Wandlerprüfeinrichtung nach Hohle ist auch für andere Frequenzen als 50 Hz verwendbar.

Als Nullanzeige dient ein besonders empfindliches Vibrationsgalvanometer (nach Rump) mit Eigenerregung durch einen permanenten Magneten; eine besondere Erregerstromquelle ist also nicht erforderlich.

Der Normalstromwandler N muß das gleiche Nennübersetzungsverhältnis wie der zu prüfende Stromwandler X haben. Für die Span-

---

[1]) Ausführlicher s. in W. Hohle, Archiv Elektrotechn. 1933, 849; Arch. techn. Mess. Z 224; Physik. Z. 1934, S. 844; Elektr.-Wirtsch. 1935, S. 205. — A. Keller, VDE-Fachberichte 1936, S. 55.

nungswandler gilt sinngemäß das gleiche. Die Normalwandler sind umschaltbar für die gängigsten Übersetzungsverhältnisse gebaut.

Der Meßbereich der Wandlerprüfeinrichtung in der H & B-Ausführung erstreckt sich beispielsweise von —2%...0...+2%, —40'...0... +120'; außerdem kann er durch Umschaltung auf das Fünffache vergrößert werden.

Aus der grundsätzlichen Schaltung und dem Aufbau der Prüfeinrichtung ist zu erkennen, daß die Meßergebnisse von der Größe der

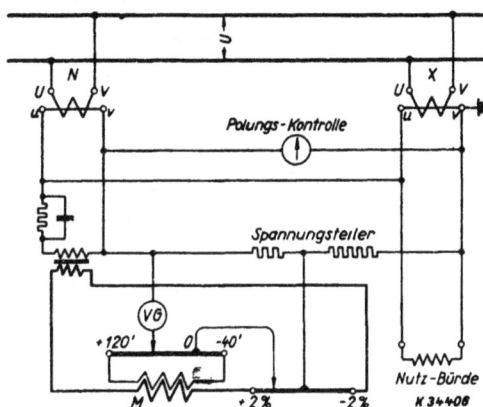

Abb. 147. Grundschaltung der Spannungswandler-Prüfeinrichtung nach Hohle.

Sekundärströme und der Sekundärspannungen unabhängig sind. Die Messungen können bei Sekundärströmen von 0,1...6 A und bei Sekundärspannungen von 46...140 V vorgenommen werden.

Mit der tragbaren Wandlerprüfeinrichtung kann die richtige Polung der Wandler sehr leicht an dem für diesen Zweck eingebauten Überwachungsgerät (Meßgerät oder Schauzeichen) festgestellt werden.

Windungsschlüsse der Wandler können mit einer derartigen Wandlerprüfeinrichtung ebenfalls leicht festgestellt werden. Die Strom- oder Spannungsfehler werden dabei übermäßig groß und der Fehlwinkel meist stark negativ.

Bevor man die Stromwandler mit einer Wandlerprüfeinrichtung auf Stromfehler, Fehlwinkel oder Windungsschluß untersucht, empfiehlt es sich, sie nach dem auf S. 65 angegebenen Verfahren remanenzfrei zu machen.

Die tragbare Wandlerprüfeinrichtung der Firma Koch & Sterzel (Abb. 144) arbeitet nach der Differential-Nullmethode. In ihr ist die Empfindlichkeit der Nullmethode mit der Genauigkeit der Differentialschaltung vorteilhaft vereinigt. Ausführliche Beschreibung siehe in der Firmendruckschrift VIII, 284.

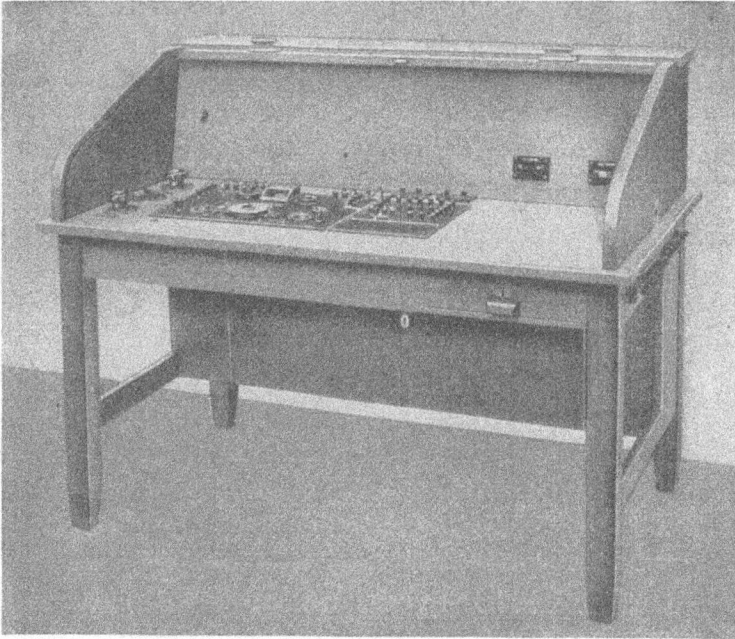

Abb. 148. Meßwandler-Prüfeinrichtung nach Hohle mit eingebautem Bürdenmesser; Umschalter für Strom- und Spannungswandler-Prüfung (H & B).

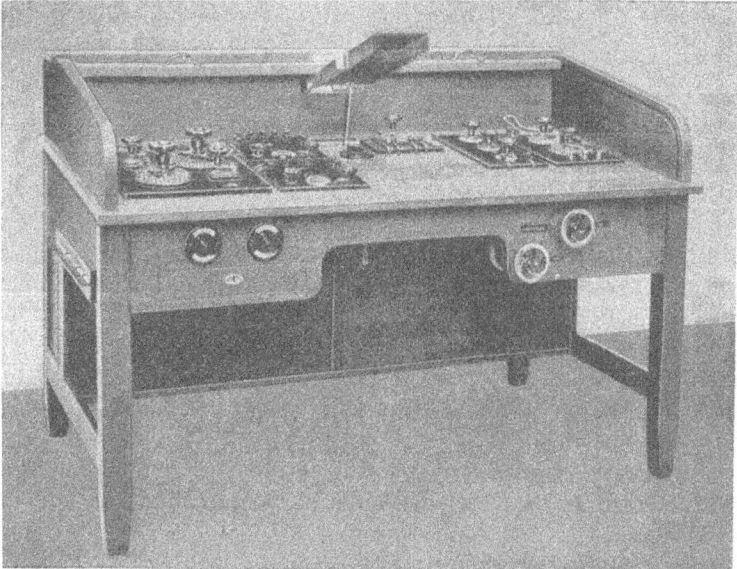

Abb. 149. Meßwandler-Prüfeinrichtung nach Schering-Alberti, Ausführung H & B.

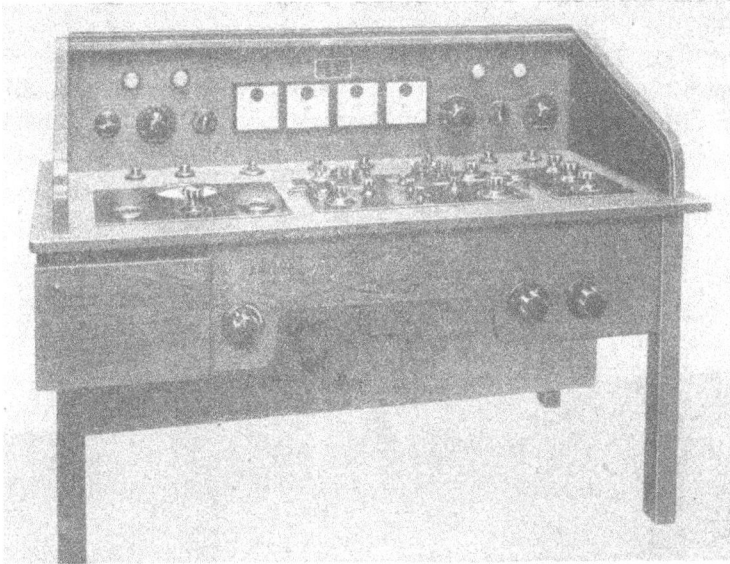

Abb. 150. Meßwandler-Prüfeinrichtung nach Hohle mit eingebauten Bürden und Überstrom-ziffer-Meßgerät; Anzeigeinstrumente für Meß-Strom und -Spannung; Umschalter für Strom- und Spannungswandler-Prüfung (S & H).

Abb. 151. Meßwandler-Prüfeinrichtung nach Schering-Alberti, Ausführung S & H.

Falls die schadhaft vermuteten Wandler aus irgendeinem Grunde am Einbauort nicht überprüft werden können, so ist immer noch die Möglichkeit gegeben, sie einer Nachprüfung in den Prüfämtern, in den Laboratorien der Elektrizitätswerke oder schließlich im Laboratorium des Herstellers zu unterziehen. Dort werden die erforderlichen Nachmessungen vornehmlich mit stationären Wandlerprüfeinrichtungen

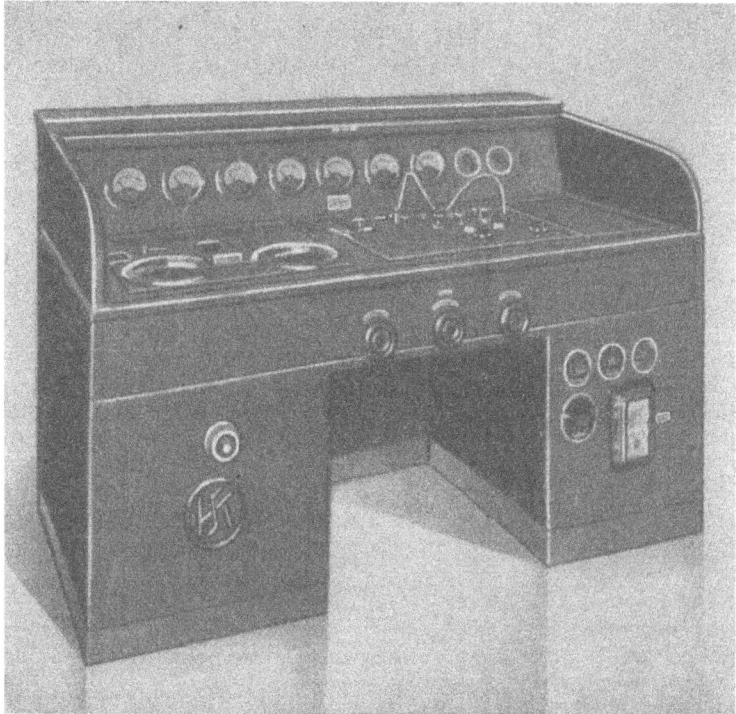

Abb. 152. Strom- und Spannungswandler-Prüfeinrichtung von K & St mit eingebauten Meß-instrumenten. Bürdenmessung ist möglich.

durchgeführt. Die neuesten Ausführungen dieser Meßbrücken sind in den Abb. 148...153 dargestellt.

Die Wandlerprüfeinrichtung nach Schering und Alberti arbeitet bekanntlich nach dem absoluten Verfahren (Nullmethode), das auf der Kompensation zweier von der Primär- bzw. Sekundärgröße des Prüflings abhängigen Spannungen beruht.

Abb. 153 zeigt eine schreibende Stromwandler-Meßeinrichtung[1]) nach der Differential-Nullmethode. Stromfehler und Fehlwinkel eines Stromwandlers werden selbsttätig mittels schreibender Leistungsmesser

---

[1]) Siehe a. W. Geiger, Prüfung von Meßwandlern mit Koordinaten-Tintenschreibern, ATM 1936, Z 224—8; ATM 1935, Z 224—7.

als Funktion des Primärstromes aufgezeichnet. Ein als Nullinstrument dienendes Vibrations-Galvanometer nach Schering-Schmidt steuert mittels seines Lichtbandes eine lichtelektrische Zelle mit angeschlossenem Verstärker. Der Verstärker arbeitet über die schreibenden Leistungs-messer auf die Fehlerstromwicklung des Normalwandlers zurück. Die

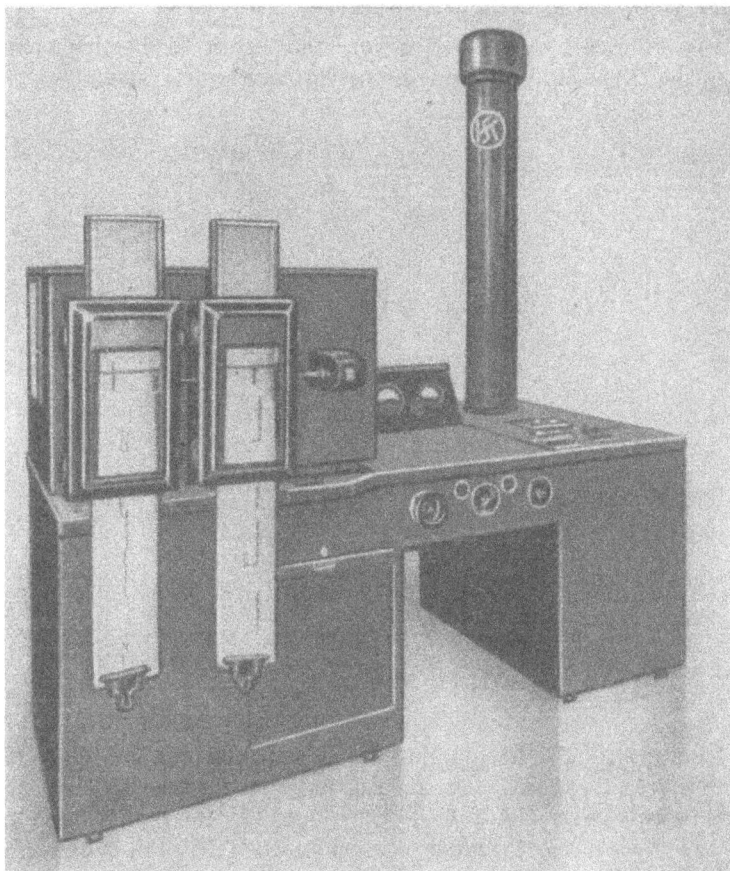

Abb. 153. Stromwandler-Prüfeinrichtung mit selbsttätiger Aufzeichnung der Meßfehler (f_i und δ) von K & St.

Einrichtung dient in der Hauptsache zur Fabrikations-Schlußprüfung von Stromwandlern.

4. Bürdenmessung.

Die Belastung (Betriebsbürde) eines Wandlers ermittelt man in der Praxis gewöhnlich so, daß man die Nennleistungsaufnahme (Nennver-brauch) der einzelnen Meßgeräte und die Leistungsaufnahme der Ver-bindungsleitungen algebraisch addiert (vgl. Abb. 59). Zuweilen werden auch die Widerstandswerte zusammengezählt. Dieses Verfahren hat jedoch den Nachteil, daß es die unterschiedlichen Leistungsfaktoren (Bürdenwinkel β) der Anschlußgeräte unberücksichtigt läßt und daß man daher stets im unklaren über die tatsächliche Belastung (Betriebsbürde) der Wandler bleibt. Die so ermittelten Werte sind stets größer als der Wert der tatsächlichen Bürde.

Bessere Ergebnisse liefert schon das auf S. 45 beschriebene Verfahren der Strom- und Spannungsmessung im Sekundärkreis.

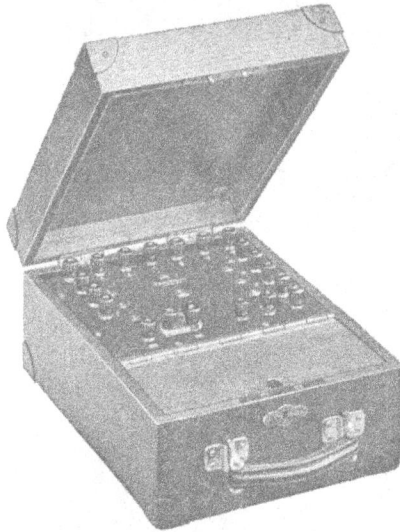

Abb. 154. Bürdenmesser von H & B.

Eine geschickte Lösung für die Ermittlung der Bürde bietet der sog. Bürdenmesser[1]), der als Zusatzgerät zur Hohle-Brücke entwickelt wurde (Abb. 154 u. 155). Er erlaubt es, eine schnelle und genaue Messung der an die Wandler angeschlossenen Bürden durchzuführen, und zwar nicht nur nach ihrer Größe, sondern auch nach ihrer Phase. Mit der K & St-Meßbrücke (Abb. 144) kann die Bürdenmessung ohne Zusatzgerät vorgenommen werden.

Zu große oder zu kleine Betriebsbürden steigern, wie aus den Ausführungen auf S. 41 hervorgeht, die Meßfehler der Wandler unter Umständen nicht unerheblich. Andererseits hat aber jeder Wandler seine Kleinstfehler bei einer bestimmten Bürde (vgl. Abb. 58). Legt man die Betriebsbürde für die günstigsten Bedingungen des Wandlers hinsichtlich

---

[1]) A. Keller, VDE-Fachberichte 1936, S. 55; W. Hohle, Phys. Zt. 1937, S. 389.

der Fehlerkurven aus, so ergeben sich optimale Verhältnisse für die Meßgenauigkeit[1]).

Die Anpassung der Betriebsbürde an die Wandlerfehlerkurven ist
für die Verrechnung von großen Energiemengen von besonders großer
praktischer Bedeutung[2]).

Abb. 155. Bürdenmesser von S & H.

5. Ermittlung der Überstromziffer.

Distanzrelais, abhängige oder begrenzt abhängige Überstromzeitrelais erfordern, wie schon auf S. 52 ausgeführt, für das richtige Arbeiten
eine hohe Überstromziffer der Stromwandler, zumeist $n \geqq 10$. Bei
neu zu beschaffenden Stromwandlern wird diesem Umstand von vornherein Rechnung getragen. Oft müssen jedoch für solche Schutzrelais
aus wirtschaftlichen Gründen vorhandene Wandler mit benutzt
werden, die manchmal schon vor 30 Jahren geliefert wurden, zu einer
Zeit, als man den Begriff und die Bedeutung der Überstromziffer noch
gar nicht kannte. In den meisten Fällen entsprechen diese Wandler
noch den Relaisbedingungen, denn sie wurden gewöhnlich mit großem
Materialaufwand gebaut; überdies vermindert sich die Relaisbürde bei
großen Überströmen sehr erheblich (s. die Ausführungen auf S. 48).
In Zweifelsfällen müssen die vorhandenen Stromwandler einer Nach-

---

[1]) H. Vahl, Der Einfluß der Wandlerfehler auf die Genauigkeit bei Leistungsmessungen, ETZ 1932, S. 29.

[2]) W. Reiche, Einfluß der Meßwandlerfehler auf die Zählerangabe, Elektr.-
Wirtschaft 1930, S. 53.

prüfung unterzogen werden, besonders dann, wenn von den Herstellern die erforderlichen Angaben nicht eindeutig eingeholt werden können.

Die Nachprüfung kann am Einbauort des Wandlers mittels einer leistungsfähigen Relaisprüfeinrichtung durchgeführt werden. Der Wandler wird dabei mit der geplanten Betriebsbürde (Schutzrelais und evtl. noch andere Meßgeräte) belastet und primärseitig durch die Relaisprüfeinrichtung mit Strom beschickt. Folgt der Sekundärstrom dem Primärstrom bei der angeschlossenen Bürde etwa proportional bis zum erforderlichen n fachen Primärstrom, so ist die Eignung des zu untersuchenden Wandlers festgestellt. Dieses Meßverfahren hat allerdings den Nachteil, daß die Stromkurve durch die Sättigungserscheinungen in der Prüfeinrichtung nicht mehr sinusförmig verläuft, sondern mitunter stark verzerrt wird.

Das in den Erläuterungen zu den REW 1932 angegebene Verfahren zur Bestimmung der Überstromziffer n, bei dem die Wandler von der Sekundärseite aus mit Strom beschickt werden, ist ebenfalls ungenau, da es den inneren Widerstand des Prüflings nicht berücksichtigt. Außerdem kann dieses Verfahren bei Stromwandlern mit Kunstschaltung nicht ohne weiteres angewendet werden.

Genauere Ergebnisse liefern die bekannten Rechenverfahren[1]), bei denen die Eisenbeschaffenheit, die AW-Zahl, der Eisenquerschnitt, die mittlere Eisenweglänge u. a. berücksichtigt werden.

R. Amtliche Prüfung der Strom- und Spannungswandler.

Die elektrische Arbeit wird in Mittel- und Hochspannungsnetzen mittels Zähler in Verbindung mit Strom- und Spannungswandlern gemessen. Für die gewerbsmäßige Abgabe elektrischer Arbeit (Stromverkauf) benutzt man sog. Verrechnungszähler, die im Gegensatz zu den Betriebszählern (Betriebsüberwachungszählern) gewöhnlich eine höhere Meßgenauigkeit aufweisen. Die Verrechungszähler werden dabei, wie schon früher ausgeführt, vornehmlich an Wandler der VDE-Klassen 0,5 oder 0,2 die Betriebszähler dagegen oft an solche der Klasse 1 angeschlossen.

Wandler, die Verrechnungszwecken dienen sollen, können einer zusätzlichen, amtlichen Prüfung entsprechend der Prüfordnung der Physikalisch-Technischen Reichsanstalt (PTR) unterzogen werden[2]). (Die derzeitig gültige Prüfordnung datiert vom 1. Januar 1933.) Zur amtlichen Prüfung der »Verrechnungswandler« besteht kein gesetzlicher

---

[1]) H. Ritz, Überstromziffer von Stromwandlern, ATM 1935, Z 26—1 und ATM 1936, Z 26—2. — E. Billig, Auslösebürde und Überstromziffer von Stromwandlern, Bull. Schweiz. Elektr. Ver. 1934, S. 370.

[2]) Prüfordnung für elektrische Meßgeräte, Verlag J. Springer, Berlin 1933.

Zwang[1]). Man macht jedoch von ihr immer mehr Gebrauch, insbesondere in den letzten Jahren; denn Streitfälle zwischen Erzeuger und Abnehmer elektrischer Arbeit lassen sich dadurch leichter abbiegen bzw. regeln.

Bei der amtlichen Prüfung von Meßwandlern hat man grundsätzlich drei Formen zu unterscheiden:

1. die Stückprüfung ohne Beglaubigung,
2. die Systemprüfung und
3. die Stückprüfung mit Beglaubigung (die Beglaubigung),

die im folgenden noch näher beschrieben werden.

1. Stückprüfung ohne Beglaubigung.

Die Stückprüfung stellt im wesentlichen fest, daß der zu prüfende Wandler den Angaben des Leistungsschildes entspricht; sie wird von der PTR oder von den ihr angeschlossenen Elektrischen Prüfämtern durchgeführt. Die Entscheidung, ob der Wandler für die Verrechnung elektrischer Arbeit geeignet ist oder nicht, bleibt allein dem Antragsteller überlassen. Das Ergebnis der Stückprüfung wird dem Antragsteller auf einem Prüfungsschein mitgeteilt (Abb. 156). Auf Antrag werden derartige Prüfungen auch außerhalb der Ämter am Betriebsort vorgenommen.

2. Systemprüfung.

Die Systemprüfung einer Wandlerform (System, Type) wird dagegen an mehreren Wandlern gleicher Ausführung, jedoch verschiedenen Übersetzungsverhältnisses, als umfassendere Prüfung von der PTR selbst durchgeführt, also nicht von den Prüfämtern[2]). Auf Grund der Systemprüfung entscheidet die PTR, ob das betreffende Wandlersystem zur Beglaubigung (s. weiter unten) durch die Elektrischen Prüfämter zugelassen wird oder nicht. Die Zulassung zur Beglaubigung bringt zum Ausdruck, daß nicht nur die Richtigkeit der Angaben innerhalb gewisser Fehlergrenzen (der sog. Beglaubigungsfehlergrenzen) gewährleistet ist, sondern daß auch eine hinlängliche Unveränderlichkeit der Angaben auf Grund der Systemprüfung zu erwarten ist. Die Zulassung wird im Reichs-Ministerialblatt und in der »Elektrizitätswirtschaft« (Zeitschrift des Reichsverbandes der Elektrizitätsversorgung) veröffentlicht (Abb. 157). Der beglaubigungsfähig erklärten Wandler-

---

[1]) Im Maß- und Gewichtsgesetz vom 13. Dezember 1935 (Reichsgesetzblatt Nr. 142 vom 19. 12. 1935) ist die Eichpflicht für Elektrizitätszähler gemäß § 64 vorläufig noch nicht in Kraft gesetzt. Hierunter dürften auch die dazugehörigen Meßwandler fallen.

[2]) Der Antrag zur Systemprüfung wird von den Herstellern der Wandler gestellt.

EPA 10 65/33

Prüfungsschein

für den Stromwandler Nr. 1 5o3 586

Fabr. A.E.G. Type: A B P 2o b, Übersetzung 25o/5/2,5 Amp.
Nenn/Grenzbürde bei 2,5 Amp. 8/48 Ω, bei 5,o Amp. 2/12 Ω.
Klasse 1, f = 5o Hz, Reihen-/Prüfspannung 2o/64 kV.

Prüfungsergebnisse:

Der Wandler hielt gemäss § 25 Tafel X der Regeln
des Verbandes deutscher Elektrotechniker eine Spannungsprobe
mit 64 kV zwischen Primärwicklung und Sekundärwicklung mit
Gehäuse, ferner mit 2 kV zwischen Sekundärwicklung und Gehäuse
je eine Minute lang, sowie die ebenfalls in § 25 obengenannter
Regeln vorgeschriebene Windungsprobe der Primärwicklung mit
25o Amp. bei offener Sekundärwicklung eine min lang aus.

Ausser der obengenannten Spannungsprobe zwischen
Primärwicklung und Sekundärwicklung mit Gehäuse wurde über die
V D E Vorschriften hinaus bis 85 kV kein Überschlag oder Durch-
schlag festgestellt.

In der umstehenden Tabelle bedeutet:

f = Stromfehler, die prozentische Abweichung der sekundären
Stromstärke von ihrem Sollwert, der sich aus der primären
Stromstärke durch Division mit dem Nennwert des Übersetz-
zungsverhältnisses ergibt.

δ'= Fehlwinkel in Minuten, die Phasenverschiebung des Sekundärstromes gegenüber dem Primärstrom. Bei positivem δ eilt
der von l_1 nach l_2 fliessenden sekundäre Strom dem von L_1
nach L_2 fliessenden primären Strom um den kleinen Winkel δ
vor.

I_N= Nennstromstärke.

wenden!

Abb. 156. Prüfungsschein für einen Stabstromwandler (Stückprüfung ohne Beglaubigung).

Meßergebnisse:
Meßbereich 25o/5 Amp.

%J_N	Bürde in Ohm	f%	δ'
12o	2,o	– o,14	+ 35,o
10o	2,o	+ o,o6	+ 24,o
5o		+ o,16	+ 1o,o
2o		– o,46	+ 37,o
1o	cos β = o,8	– 1,32	+ 86,o

Die letzte Stelle der Meßergebnisse ist nur relativ genau. Der Wandler wurde nach der Prüfung mit dem Bleisiegel des Prüfamtes versehen.

Essen, den 1o. Februar 1933
Elektrisches Pru...

Abb. 156. Fortsetzung von Seite 146.

10*

Bekanntmachung über Prüfungen und Beglaubigungen durch die Elektrischen Prüfämter

Nr. 413

Abb. 157. Bekanntmachung über die Zulassung einer Stromwandlerform zur Beglaubigung nach vorangegangener Systemprüfung.

form wird ein Systemzeichen in Form eines stilisierten A mit einer bestimmten Nummer, z. B.

$$\text{\AA}_{36},$$

zugeteilt. Dieses Systemzeichen mit Nummer muß auf den Leistungsschildern aller Wandler des zugelassenen Systems angebracht sein, für die eine Bürgschaft der amtlichen Prüfung in Anspruch genommen werden soll.

Die als beglaubigungsfähig in den Verkehr gebrachten Wandler müssen in ihrer Ausführung den Mustern entsprechen, die der PTR bei der Systemprüfung vorgelegen haben.

Beglaubigungsfähige Wandler müssen in der Hauptsache folgenden Vorschriften genügen[1]):

a) Die Wandler sollen den VDE-Regeln (REW 1932) entsprechen (auch hinsichtlich der Isolierfestigkeit).
b) Das Leistungsschild darf nicht abnehmbar sein.
c) Die Wandler müssen plombierbar sein.
d) Die Stromwandler müssen für eine Nennbürde von mindestens 0,6 Ω ausgelegt sein (Nennleistung 15 VA).
e) Die Nennleistung eines Spannungswandlers muß mindestens 30 VA betragen.
f) Die Fehler der Wandler dürfen die sog. Beglaubigungsfehlergrenzen nicht überschreiten, die mit den Fehlergrenzen der VDE-Klasse 0 5 (vgl. S. 39 u. 112) identisch sind. Selbstverständlich können auch genauere Wandler, z. B. solche der VDE-Klasse 0,2 zur Beglaubigung zugelassen werden.

In jüngster Zeit haben die maßgebenden Herstellerfirmen verschiedene Wandlerformen mit der Mindestleistung von 15 VA in Klasse 0,5 in Anpassung an höhere Kurzschlußströme auch für therm 150 und 200 von der PTR einer Systemprüfung unterziehen und beglaubigungsfähig erklären lassen. Veranlassung hierzu gab der Umstand, daß die beglaubigungsfähigen Wandler für therm 100 und darunter in vielen Netzen der Kurzschlußstrombeanspruchung nicht mehr genügten.

3. Stückprüfung mit Beglaubigung (die Beglaubigung).

Die Beglaubigung besteht darin, daß beglaubigungsfähige Wandler, also Wandler, deren System auf Grund einer Systemprüfung zur Beglaubigung zugelassen ist, einer amtlichen Stückprüfung gemäß den Bestimmungen der Prüfordnung für elektrische Meßgeräte unterzogen werden. Für jeden beglaubigten Wandler wird ein sog. Beglaubigungsschein ausgestellt (Abb. 158).

---

[1]) Vgl. die Prüfordnung für Meßgeräte, Verlag J. Springer 1933.

EP. 18

Prüfungsschein
für den Hochspannungs-Stromwandler

Bezug-Nr. 1 437 048   Fabrik-Nr. 3 487 737
Fabrikat: Siemens & Halske
Form: ATOS 42
System-Z.: $\frac{M}{m}$
Übersetzung: 25/5 A
Klasse: 0,5
Nennbürde: 1,2 Ohm
Prüfspannung: 10/42 kV

Die Stromfehler und Fehlwinkel sind in der Tabelle angegeben. In der Tabelle bedeutet

F den Stromfehler, d.h. die Abweichung der sekundären Stromstärke von ihrem Sollwert in Hundertteilen des Sollwertes:

$$F = \frac{K_n \cdot J_s - J_p}{J_p} \cdot 100$$

(K_n = Übersetzungsverhältnis, J_p = primäre Stromstärke, J_s = sekundäre Stromstärke);

δ den Fehlwinkel in Minuten (bei positivem δ eilt der von Klemme k nach Klemme l fliessende sekundäre Strom dem von Klemme K nach Klemme L fliessenden primären Strom in der Phase um den Winkel δ vor;

die Nennstromstärke.

Die angegebenen Werte von F und δ wurden erhalten, nachdem der Wandler entmagnetisiert war.

Es wurde geprüft:
Primär gegen Sekundär mit 30 kV
Sekundär gegen Gehäuse und Erde 1,2 kV
Primär- und Sekundäranschluss in Ordnung.

Primär Belastung in %	Bürde: 1,2 Ohm $\cos \varphi = 0,8$	
	F %	δ
10	− 0,57	+ 14,0
20	− 0,40	+ 15,4
50	− 0,19	+ 18,2
100	± 0,00	+ 13,9
120	+ 0,05	+ 12,7

Der Wandler wurde mit der Prüfamtsplombe "beglaubigt" versehen.

Berlin, den 19.3.1937

Scheine ohne Amtsstempel haben keine Gültigkeit.

Abb. 158. Prüfungsschein für einen Querloch-Stromwandler (sog. Beglaubigungsschein).

4. Zusammenfassung.

In vielen Fällen der Praxis verzichtet man auf die eigentliche Beglaubigung und begnügt sich mit dem Einbau von beglaubigungsfähig erklärten Wandlern, da auch diese schon den Abnehmern hinsichtlich der meßtechnischen Eigenschaften der Verantwortung für die Auswahl der Wandlerform entheben. Überdies haben ja die Hersteller selbst ein sehr großes Interesse daran, die beglaubigungsfähigen Wandler so auszuführen und zu prüfen, daß sie die vorgeschriebenen Werte unbedingt einhalten; andernfalls kann die Löschung der Beglaubigungsfähigkeit von der PTR vorgenommen werden.

Stückprüfungen nach 1. zur amtlichen Feststellung der Eigenschaften eines Wandlers werden hauptsächlich an solchen Wandlerformen vorgenommen, bei denen eine Systemprüfung sehr umständlich und kostspielig ist, beispielsweise bei den Einleiterstromwandlern oder bei Meßwandlern für Höchstspannungen.

Stückprüfung, Systemprüfung und Beglaubigung sind gebührenpflichtig.

S. Gleichstrom-Meßwandler.

1. Allgemeines.

In Gleichstromanlagen benutzt man seit den Anfängen der Elektrotechnik für die Messung von Strom, Leistung und Arbeit Nebenwiderstände (Shunts) als Hilfsglieder für die Meßgeräte. Die Nebenwiderstände zeichnen sich durch hohe Genauigkeit aus und werden in der Regel für Spannungsabfälle von 60, 100, 200 oder 300 mV ausgelegt. Bei großen Nennströmen (etwa $I_n > 5000$ A) ist der Materialaufwand für sie allerdings schon sehr erheblich und die Gestehungskosten sind dementsprechend hoch. Ferner treten bei großen Betriebsströmen beträchtliche Wärmeverluste auf. Schließlich sind die Nebenwiderstände für Fernmeßzwecke ungeeignet, da die erwähnten, geringen Spannungsabfälle nur kurze und verhältnismäßig starke Verbindungsleitungen zu den Meßgeräten erlauben; andererseits dürfen die Meßgeräte nicht in unmittelbarer Nähe der Hauptleiter aufgestellt werden, da sonst die Meßergebnisse durch die bei hohen Strömen auftretenden starken magnetischen Felder gefälscht werden.

Schon frühzeitig bestand das Bedürfnis nach einer Fernmessung großer Gleichströme bzw. Leistungen. Bereits im Jahre 1912 gab Baurat Zell (München) die Anregung zur Entwicklung eines hierzu erforderlichen Gleichstrom-Meßwandlers. E. Besag (V & H) berichtete 1919 über die ersten praktischen Messungen im Gleichstromnetz der Stadt Frankfurt a. M., die über Entfernungen von etwa 2,5 km ausgeführt wurden[1]).

---

[1]) E. Besag, Messung starker Gleichströme auf große Entfernungen, ETZ 1919, S. 436.

Eine weitere Verbreitung hat diese Bauart jedoch nicht gefunden. Andererseits gestaltete sich die Messung von Gleichströmen in der Elektrochemie, Elektrometallurgie und im Straßenbahnbetrieb infolge der gewaltigen Leistungssteigerung immer schwieriger. Das Fragengebiet mußte darum neu aufgegriffen werden.

2. Gleichstrommeßwandler mit Motor.

So hat die Firma Koch & Sterzel AG. im Jahre 1935 einen Gleichstrommeßwandler für hohe Nennströme (5...100 kA) auf den Markt gebracht (Abb. 159), der für die Messung von Strom, Leistung und Arbeit

Abb. 159. Gleichstrom-Meßwandler mit Motor für 30000 A (K & St)

allen Bedürfnissen der Praxis genügt. Aufbau und Wirkungsweise des Wandlers bestehen kurz im folgenden[1]):

Der Leiter L für den Primärstrom wird vom Eisenkern E des Wandlers umgeben (Abb. 160). In einer Aussparung des Kernes ist der Gleichstromanker A gelagert, der in der Regel von einem Drehstrommotor M angetrieben wird. Die Sekundärwicklung w_2 des Wandlers ist mit den Wicklungen des Ankers A und des Meßgerätes B in Reihe geschaltet. Der im Leiter L fließende Primärstrom erregt den Eisenkern E so, daß an den Kollektorbürsten des vom Motor M angetriebenen Ankers A eine

---

[1]) Ausführlich s. in O. Nölke, Der Gleichstrom-Meßwandler, ETZ 1936, S. 37.

EMK auftritt. Diese ruft in der Sekundärwicklung w_2 einen Strom hervor, der das vom Primärstrom herrührende Feld aufzuheben trachtet. Das sich selbsttätig einstellende Gleichgewicht der beiden Felder (AW-Zahlen) bewirkt, daß der Sekundärstrom dem Primärstrom proportional

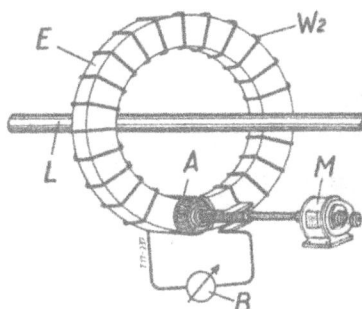

Abb. 160. Schematische Darstellung des Gleichstrom-Meßwandlers von K & St.

folgt. Der sekundäre Nennstrom ist zu 5 A gewählt; die Nennleistung beträgt je nach der Nennstromstärke des Wandlers 15...30...45 W bei einem Stromfehler von $\pm 0,5\%$ und 30...60...100...150 W bei $\pm 1\%$ Stromfehler. Temperaturfehler werden durch Abgleichwiderstände beseitigt.

Die Wandler dieser Bauart können für Betriebsspannungen bis zu 1000 V benutzt werden. Ihre Prüfspannung gegen Erde und die Sekundärwicklung beträgt primärseitig 10 kV; die Sekundärwicklung wird gegen Erde mit 1000 V geprüft.

Bei Nennstromstärken unter 5 kA bieten diese Wandler keine technischen Vorteile mehr gegenüber den sonst gebräuchlichen Nebenwiderständen; auch preislich stellen sich dann der Anwendung Schwierigkeiten in den Weg.

3. Statische Gleichstrommeßwandler.

Die Arbeitsweise der Gleichstrommeßwandler der AEG beruht darauf, daß sich der Wechselstromwiderstand einer Eisendrosselspule durch Gleichstromvormagnetisierung ändert. Die Rückwirkung der Gleichstrommagnetisierung auf den Magnetisierungsstrom einer Wechselstromdrossel wurde für Meßzwecke erstmalig von Besag[1] benutzt. Die AEG-Gleichstrommeßwandler (Abb. 161 u. 162) entsprechen in ihrem äußeren Aufbau den üblichen Schienenstromwandlern für Wechselstrom.

Der gleichstromführende Primärleiter L wird durch die Kernfenster geführt, während die auf den zwei Kernen aufgebrachten Sekundär-

---

[1] S. Fußnote 1 auf S. 151.

wicklungen w_2 durch eine Wechselspannung (Netzspannung) erregt werden (Abb. 163). Der in der Sekundärwicklung fließende Wechselstrom ist in seiner Größe von dem im Primärleiter fließenden Gleichstrom abhängig und ermöglicht somit eine mittelbare Gleichstrom-

Abb. 161. Statischer Gleichstrom-
Meßwandler für 3000 A (AEG).

Abb. 162. Statischer Gleichstrom-
Meßwandler für 15000 A (AEG).

messung. Bewegliche Teile sind bei diesen Wandlern also nicht vorhanden.

Die statischen Gleichstromwandler der AEG sind Wandler, bei denen eine Kompensation der Gleichstrom - Amperewindungen der Primärseite und der Wechselstrom-AW der Sekundärseite stattfindet[1]).

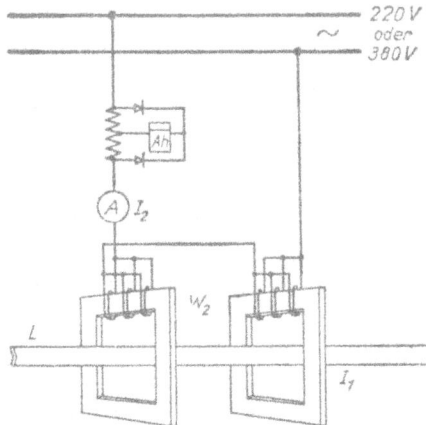

Abb. 163. Schematische Darstellung des Gleichstrom-Meßwandlers der AEG.

Die Kompensation wird erreicht durch die Gegenschaltung zweier Kerne, die eine magnetische Gleichrichtung der sekundären Wechsel-

---

[1]) W. Krämer, ETZ 1937 (im Druck).

strom-AW in bezug auf die primären Gleichstrom AW bewirkt. Die Wechselstromkurve ist hierbei nahezu rechteckig. Richtet man diesen Wechselstrom gleich, so wird der erhaltene Gleichstrom praktisch konstant und ändert seine Größe proportional zum Primärstrom.

Die Wandler zeichnen sich durch völlige Hysteresisfreiheit aus und sind in ihrer Meßgenauigkeit von der angelegten Wechselspannung und Frequenz in weitem Maße unabhängig. Bei Schwankungen der Wechselspan ing von $\pm 10\%$ ändert sich der Sekundärstrom um weniger als $0,1\%$. Die Lage des Gleichstromleiters zum Kern und die Form des Gleichstromfeldes haben infolge der besonderen Wicklungsanordnung auf die Meßgenauigkeit des Wandlers keinerlei Einfluß. Die Meßgenauigkeit entspricht etwa den Genauigkeitsklassen 0,5 und 1 der REW 1932.

Die Wandler werden für Nennströme bis 30 000 A Gleichstrom ausgeführt. (Der Sekundärstrom beträgt bei Nennstrom 5 oder 1 A). Die Bauweise ist für alle vorkommenden Gleichstrombetriebsspannungen geeignet. Die Wandler genügen allen meßtechnischen Bedürfnissen. Sie sind zur Strommessung und -zählung, ferner für Betätigung von Über- und Rückstromrelais geeignet.

Der einfache Aufbau und der geringe Werkstoffaufwand ermöglichen die Herstellung der Wandler auch noch für kleine Nennströme (bis etwa 1000 A) zu mäßigen Preisen.

Die Gleichstrommeßwandler nach den Abb. 159, 161 und 162 haben gegenüber den Nebenwiderständen den weiteren großen Vorteil, daß sie die Hochspannung (Betriebsspannung) von den der Berührung zugänglichen Meßgeräten fernhalten.

Schrifttum.

1. Bücher.

Bresson C., Transformateur des Mesure et Relais de Protektion, Dunod, Paris 1933.

Goldstein J., Die Meßwandler, J. Springer, Berlin 1928.

Hague B., Instrument Transformers, Pitman, London 1936.

Keinath G., Die Technik elektrischer Meßgeräte, R. Oldenbourg, München 1928.

Möllinger J., Wirkungsweise der Motorzähler und Meßwandler, J. Springer, Berlin 1925.

Schleicher M., Die moderne Selektivschutztechnik und die Methoden zur Fehlerortung in Hochspannungsanlagen, J. Springer, Berlin 1936.

Skirl W., Elektrische Messungen, Walter de Gruyter, Berlin 1936.

Walter M., Der Selektivschutz nach dem Widerstandsprinzip, R. Oldenbourg, München 1933.

Walter M., Kurzschlußströme in Drehstromnetzen, R. Oldenbourg, München 1935.

2. Zeitschriftenaufsätze.

Berger K., Über das Verhalten der Stromwandler bei Hochfrequenz und den Schutzwert von Parallelwiderständen gegen Überspannungen, Bull. Schwz. Elektr. Ver. 1927, S. 657.

Billig E., Auslösebürde und Überstromziffer von Stromwandlern, Bull. Schweiz. Elektr. Ver. 1934, S. 370.

Erich M., Gütesteigerung von Stromwandlern, ETZ 1937, (im Druck).

Fleischhauer, Graphische Stromwandlerberechnung, Wiss. Veröff. Siemens-Konz. 1931, S. 98.

Hohle W., Neuere Stromwandler-Prüfeinrichtungen, ATM 1934, S 224—4.

Hohle W., Eine tragbare Meßwandler-Prüfeinrichtung hoher Genauigkeit, Phys. Zeitschrift 1934, S. 844.

Keinath G., Porzellanisolierte Stromwandler, ATM 1933, Z 286—1.

Keinath G., Über die Anforderungen an Stromwandler in Kraftwerken, Elektr.-Wirtschaft 1931, S. 60.

Keinath G., Bauweisen der Spannungswandler, ATM 1935, Z 381—1.

Lukschik B., Eisenstab-Stromwandler, ATM 1936, Z 282—2.

Küchler R., Ein neuer Trockenspannungswandler für höchste Spannungen, ETZ 1937, S. 203.

Neugebauer H., Stromwandler für Schutzsysteme, Siemens-Zt. 1931, S. 147 und 192.

Nölke O., Der Gleichstrom-Meßwandler, ETZ 1936, S. 37.

Piloty H., Was messen Wattmeter und Zähler in Drehstrom-Hochspannungsanlagen bei Erdschluß? Elektr.-Wirtsch. 1937, S. 579.

Pfiffner E., Kaskaden-Erdungsspulen- und Meßwandler, ETZ 1926, S. 44.

Reiche W., Die Verbesserung des Stabstromwandlers für kleine Primärströme, ETZ 1932, S. 961.

Reiche W., Strom- und Spannungswandler höchster Genauigkeit, VDE-Fachberichte 1935, S. 166

Reiche W., Trocken-Spannungswandler, Elektr.-Wirtsch. 1932, S. 83.

Reiche W., Einfluß der Meßwandlerfehler auf die Zählerangabe, Elektr.-Wirtsch. 1930, S. 53.

Reiche W., Über die Kurzschlußfestigkeit von Stromwandlern, ETZ 1928, S. 1772.

Reiche W., Störungen beim Betrieb von Erdschlußrelais im Anschluß an Meßwandler, Archiv Elektr. 1937, (im Druck).

Reimann E., Sprungwellenbeanspruchungen von Stromwandlern mit und ohne Schutzapparate, Wiss. Veröff. Siemens-Konz. 1930, S. 1.

Ritz H., Überstromziffern von Stromwandlern, ATM 1935, Z 26—1 und ATM 1936, Z 26—2.

Schwager A., Der fehlerfreie Stromwandler, Bull. Schweiz. Elektr. Ver. 1932, S. 514.

Vahl H., Vor- und Gegenmagnetisierung bei den Stromwandlern, VDE-Fachberichte 1934, S. 38.

Vahl H., Summation durch Stromwandler, Elektr.-Wirtsch. 1931, S. 256.

Vahl H., Der Einfluß der Wandlerfehler auf die Genauigkeit bei Leistungsmessungen, ETZ 1932, S. 29.

Walter M., Über die Eigenschaften der Stromwandler für Schutzrelais, ETZ 1934, S. 483.

Walter M., Über die dynamische Kurzschlußfestigkeit der Stromwandler, ETZ 1936, S. 1172.

Walter M., Stromwandler für Schaltanlagen, Elektr.-Wirtsch. 1936, S. 647.

Walter M., Spannungswandler für Schaltanlagen, Elektr.-Wirtsch. 1937, S. 403.

Außerdem sei auf das Heft Nr. 5 des **Bulletin** des Schweizerischen Elektrotechnischen Vereins vom 1. März 1933 verwiesen, in dem eine Reihe von Referaten über Strom- und Spannungswandler mit anschließender Diskussion enthalten sind. Ferner sei noch das **Archiv** für **Technisches Messen** (ATM), Verlag R. Oldenbourg, besonders erwähnt in dem in zahlreichen Einzelarbeiten das Wandlergebiet (auch die Laboratoriumswandler sowie die Eisenlegierungen) ausgiebig behandelt wird. G. Keinath ließ hier diesem Gebiet eine gebührende Pflege angedeihen. Es ist übrigens das Verdienst von Keinath, daß er das Interesse für die Wandlertechnik durch Schrift und Wort stets wach gehalten und maßgeblich beeinflußt hat. Außer seinen zahlreichen Aufsätzen und dem Abschnitt über Wandler in seinem Buch »Die Technik elektrischer Meßgeräte« hat er die erste Doktorarbeit auf diesem Gebiet verfaßt[1]). Auch die VDE-Wandlerregeln (REW 1932) sind im wesentlichen unter seiner Mitwirkung zustande gekommen.

---

[1]) G. Keinath, Untersuchungen an Meßwandlern. Dissertation. München 1909.

Sachverzeichnis.

www.ingramcontent.com/pod-product-compliance
Lightning Source LLC
Chambersburg PA
CBHW081225190326
41458CB00016B/5685